关键性思维

穿越不确定性的
7个情境思维锦囊

池静影 著

CRITICAL
THINKING

Seven situational thinking tools for
overcoming uncertainty

机械工业出版社
CHINA MACHINE PRESS

我们发现一流思维水平的人具有以下特征：在面对错综复杂的局面时，他们能够抽丝剥茧，一一拆解，制订出缜密的计划和执行措施；在截然相反的事实证据和观点前，善于归纳总结，把握关键，做出科学决策；即使在压力下或在自己不熟悉的专业领域，也能提出具体而激发人思考的问题和建议；在人心涣散的局面下，他们能有意识地了解自己和他人的处境，善于引导，上下拉通，快速凝聚战略共识。这些关键性思维能力能否被培养和复制？答案是肯定的。本书将为读者提供 7 个关键性思维流程工具，帮助读者在日益复杂的环境中，快速理清思路，掌握问题关键，带领团队突破重围。本书涉及的工具方法源自作者 20 多年来为超过百家企业提供培训咨询服务的实践和经验总结，极具指导价值。

图书在版编目（CIP）数据

关键性思维：穿越不确定性的7个情境思维锦囊/池静影著. —北京：机械工业出版社，2023.9
ISBN 978-7-111-73849-7

Ⅰ.①关… Ⅱ.①池… Ⅲ.①思维方法 Ⅳ.①B804

中国国家版本馆CIP数据核字（2023）第174035号

机械工业出版社（北京市百万庄大街22号　邮政编码100037）
策划编辑：侯春鹏　　　　　　　　　　　责任编辑：侯春鹏
责任校对：王荣庆　张昕妍　韩雪清　　　责任印制：刘　媛
北京中科印刷有限公司印刷
2024年1月第1版第1次印刷
148mm×210mm · 7.25印张 · 3插页 · 105千字
标准书号：ISBN 978-7-111-73849-7
定价：68.00元

电话服务　　　　　　　　　　　网络服务
客服电话：010-88361066　　　　机　工　官　网：www.cmpbook.com
　　　　　010-88379833　　　　机　工　官　博：weibo.com/cmp1952
　　　　　010-68326294　　　　金　书　网：www.golden-book.com
封底无防伪标均为盗版　　　　　机工教育服务网：www.cmpedu.com

亲爱的读者，如果你被以下难题困扰，我推荐你阅读这本书。

- 为什么在提高了数据可用性和质量并开始利用人工智能的情况下，管理者的工作压力不减反增？
- 为什么信息触手可及，管理者仍无法摆脱决策困难的困扰？
- 为什么经验丰富、知识渊博的管理者不一定更有创造力？
- 为什么高科技沟通工具往往不能提高团队沟通的质量？

在一个数据丰富和智能的未来，我们如何确定管理者的核心领导技能？在不远的未来，许多职业很可能被人工智能取代。人工智能可以比人类更好地完成许多任务，从快速准确的计算、数据分析到更复杂的预测和推理。甚至像ChatGPT这样的智能工具具备了协助写代码和文章的能力。在这一趋势下，管理者的角色会不会被取代呢？这值得我们深思。为了在人工智能时代保持竞争力，管理者必须发展关键性思维能力。

人类与人工智能竞争的唯一途径是不断提升我们的思考能力。这意味着，管理者需要从传统决策者转变为数据驱动的决策者、创新与变革的推动者、团队合作与协作的引领者。

在一个充斥着虚拟团队且严重依赖人工智能的时代，管理者必须了解如何有效地将技术融入他们的决策过程，并避免他们的角色被边缘化。在未来，一名成功经理人的核心价值将是他做出合理决策，有效地领导和合作，清晰地沟通，以及不断地学习和创新的能力。最终，为了在未来取得成功，管理者必须培养具有一流思维能力的员工，而不是简单地依赖勤奋但不善于思考的劳动力。本书提供了一个发展这些关键性思维技能的框架。

　　本书的作者池静影女士是新西兰梅西大学的校友。多年来，她一直热衷于对管理者关键性思维的研究和思考。本书涉及的工具方法源自她20多年的企业管理经验，以及为百余家企业提供培训咨询服务的实践和经验总结。我相信这本书一定会对你有所启发！

斯蒂芬·凯利教授

（Stephen Kelly）

梅西大学副校长兼梅西商学院院长

为什么写这本书?

和孩子"舌战"的反思

无论是扮演职场的管理者、企业顾问,还是妈妈的角色,我都经常被"拷问",但拷问是思考的药引……

作为妈妈,或许以下的对话情境你并不陌生。

我家儿子喜欢在床上边看书边吃葡萄干之类的零食。我们经常就此问题争执不休。

妈妈:"不要总在床上吃东西。"

弟弟:"为什么呢?"

妈妈:"你把食物掉在床上,就会引来蟑螂。"

弟弟:"你怎么知道我一定会掉呢?"

妈妈:"上次我就发现床上有葡萄干。"

弟弟:"你什么时候发现的?怎么确定就是我掉的呢?哥哥不也在床上吃过东西吗?"

我开始不耐烦,用叱喝的口气骂他狡辩,这时哥哥走过来了。

哥哥:"妈妈,你发现多少次床上有零食了?"

妈妈:"我哪里能记得多少次,就是有过。"

哥哥:"你发现过蟑螂吗?"

妈妈："暂时还没有，万一有呢？"

哥哥："这个万一的发生概率有多大？"

妈妈："无论有多大，都不允许发生！"

哥哥："即使发生又会怎样？会带来什么严重后果吗？你为什么要那么紧张呢？……"

俩儿子的一连串问题"夹攻"着我喘不过气，恼怒之下，我反问他们："那你们为什么一定要在床上一边吃东西一边看书呢？"俩孩子异口同声地说："这样很放松、很舒服，就像你喜欢坐在窗边的小桌，一边喝咖啡一边看书一样。你敢确保你的咖啡能万无一失地不撒在桌子的台布上吗？"

我再问："那你们的舒服重要，还是床上的卫生重要？"

俩孩子异口同声地说："舒服重要！"

这就是我和儿子们的一次丢脸的"舌战"。这种"舌战"在我们家经常发生，而且双方越战越勇。

让我们仔细观察以上对话，在此过程中孩子们几乎都用"提问"的方式和我"交战"，他们看似狡辩的提问，却抓到了问题的关键点。例如：不能做的理由？风险（零食掉在床上）发生的可能性和带来的危害？对比参照物（你为什么可以？）……这一幕就像法庭上的律师，总能提出尖锐的问题为当事人辩护。细嚼孩子们的"狡辩"，他们最常用的句型是"为什么""为什么不""为什么得这么做"。

在现实生活当中，为人父母的你也会经常遇到类似的情境。值得思考的是，为什么没有经过思维训练的孩子，却能够很自然地提出一连串的关键性问题呢？尽管在当时，大人会把这些"关键性提问"当成孩子"叛逆期"的狡辩。孩子的世界里是没有权威的，大部分孩子不关心也不在乎他人的情绪和想法，所以他们敢直言不讳？而恰恰是孩子无知无畏的提问，体现了他们对事物本质的认知和探索。

然而，随着我们年龄的增长，知识和阅历的丰富，对事物本质的深度思考却在减弱。《批判性思维工具》一书提到："我们大多数人没有完全表现出自己思维发展的潜能，我们的思维潜力绝大多数处于休眠和未开发状态。"可见，思考是人类的天性，但随着我们生活节奏的快速化和信息获取的碎片化，许多人的思考深度越来越浅，这并不因每个人的见识而有所不同。探讨有什么方法可以激活人们对思考的热爱，这是我想写这本书的原因之一。

繁杂的管理工作

在商业环境里，无论是个人还是组织，每天都有可能面对机遇、威胁、竞争等不确定的情境，任何组织的成功与失败都取决于每天、每月和每年制定和实施的数千个决策的质量。

当年我担任企业管理者时，每天遇见的烦杂管理事务犹如以下这位经理人。如果是你，你将如何应对呢？

- 产品发布开始两周后，战略合作伙伴就退出了，但市场营销活动已经启动。

- 为公司的数字化解决方案提建议（但实际上我根本不了解此类主题）。
- 临时主持召开一个会议，引导大家讨论研究大量的客户服务问题。
- 给某大客户回电，回复他的投诉。
- 寻找销售额下降的原因（我以为这个问题上次已经解决了）。
- 处理员工的士气问题。
- 招聘新人，替代汤姆。
- 阅读吉姆的最新计划（但愿他这次想清楚了）。
- 明确最近政策变化所带来的影响。
- 与 X 公司谈合同续签问题。

你知道该从哪项事务着手吗？你首先要做什么？如何进行？存在什么问题？这些事情和公司的战略方向的链接在哪？采用"常规的""凭经验的"或"直觉的"方法就足够了吗？有什么方法能帮助管理者面对复杂多变的事务快速理清思路并有效地解决吗？解决这些问题是我写这本书的原因之二。

来自高智能的挑战

数字化时代，企业如同在波涛汹涌的激流里竞技，善于思考已不只是对领导者的要求，因为领导者的"号令"此时将会被滚滚涛声所淹没。每位员工必须具备独立的思考能力和判断力,才能快速正确地做出反应,从而使企业免于被竞争对手赶超或不幸触礁坠入湍流。

从农耕时代、工业时代、信息化时代,到今天的数字化时代,这过程中有多少职业被淘汰,又产生了多少新工作。现如今我们几乎已看不到公交车售票员、接线员、铁匠、钢笔修理工等职业。十几年前,我参观可口可乐的罐装厂,工厂里只有自动流动的生产线,工人寥寥无几,我们称之为自动化生产。前几年,我参观了大众的汽车制造车间,一眼望去数十台高大魁梧的"变形金刚"在忙碌工作,只有数位身穿蓝色制服的工程师手拿平板电脑走走看看,厂房里所有设备的运行实况尽在他们手中的屏幕里,一目了然。这是智能化生产的开始。如果你的工作只需要用到你的手和脚,不需要过度依赖大脑,那么我建议你赶紧转行。

在数字化的今天,跟你抢饭碗的不是人,而是机器人。事实上,很多职业的消失就是因为被机器人替代,而且替代的级别越来越高,不仅替代你的手脚,还替代你的大脑。机器人已可以帮助人类做快速的运算、分析和决策。人类要和机器人竞争,唯有"思维"不断升级。所以,对管理者的思维要求已不仅仅只停留在思考层面,而是要学会"关键性思维"。在高智能时代,在虚拟团队充斥的组织架构里,管理者怎样做才能避免陷入被边缘化的境地?这是我写此书的原因之三。

以上这些"棘手"的情境,恰是"激活"思维的好时机。

我们发现，无论是职场精英，还是优秀的企业家，他们在面对复杂的情境和多变的未来，总能保持清晰的思路，快速地找出事情的关键，并做出高瞻远瞩的决策。我们发现拥有一流思维的人具有以下特征：

- 能够在正确的时间提出具体而激发人思考的尖锐问题。
- 在他们思考的时候，能有意识地了解自己和他人所处的情境。
- 总能保持思路清晰的状态，即使在压力下或在自己不熟悉的专业领域，或在处理核心经验之外的事情上时。
- 在同时持有两种截然相反的想法时，依然能清晰地思考。

这些"关键性思维"的能力能否被培养和复制？经过超过 20 年对数百家优秀企业以及上千位管理者的深入观察，我们给出的答案是肯定的。未来组织获胜的法宝将取决于拥有多少善于思考的员工。

本书的内容及涉及的工具方法不是发明，而是发现。它集合了我为不同企业提供咨询服务的最佳实践，所阅读无数本与本话题相关书籍的精髓，担任管理者的亲身经历，与竞争对手较量的心得，甚至与孩子"斗智斗勇"的经验。

有人说，优秀的人总能用一套方法论搞定一堆事情。希望本书总结提炼出来的非常具有实操性的关键性思维流程能帮你和你的团队摆脱"一地鸡毛"的困境，成为你职场步步高升的思维锦囊。

祝你阅读愉快！

目　录

关键性思维

第一章　不是所有的思维都是关键性思维

人在什么情况下会开始思考？

法国哲学家笛卡尔的一句"我思故我在"开启了西方近现代哲学的大门。"我思故我在"可精练地理解为：当我使用理性来思考的时候，我才真正获得了存在的价值。理性思考可破除习惯、迷信以及种种所谓的"常规"之桎梏，让真正的理性之光照进自己的人生，那么，人的存在才有真正的意义。它道出了人类独立思考的本能和意义。

我曾经发动身边的朋友思考这样一个问题："你在什么情况下会开始思考？"答案五花八门：

- "遇到新鲜事"
- "发生意外"
- "有困惑"
- "没有退路"
- "穷的时候"
- "做作业的时候"
- "老婆生气的时候"

……

其中，有位朋友与众不同的回答引起我的反思。她说："发生以上的情形，我什么都不会想，可能只会兴奋不已，或是焦虑不安。"

　　这位朋友的回答像一根棍棒敲了一下我的头。原来同一个问题，可以有不同视角的理解。笛卡尔也认为情绪是理性思考的杂音。可见，"人在什么情况下会思考"的最佳答案是"在没有情绪，理性的情况下"才能进入实质性的思考状态。本书即将介绍的几套思维流程工具的应用前提是要求人们处在理性的状态之下。

　　在理性的情况下，促使大部分成年人思考的情形可以归纳为两种：一种是当人有了"梦"，另一种是遇到"痛"。

　　"梦"是指人们有了愿望或目标，就会开始思考如何展望未来实现目标。一位 CEO 会经常思考企业未来的战略布局以赢得市场竞争；一位作家在创作一部小说前会先思考如何设计作品的框架结构；一位老师在讲课前会先备好课。理想是美好的，然而现实是骨感的。所谓的"痛"来自困难和挑战，遇到过不去的"坎"，人们会开始思考新方法来突破重围。企业无法实现盈利，CEO 会思考如何突破瓶颈；作家的小说卖不出去，需要思考怎么改进；老师在课上被学生挑战，会思考如何更好地备课？当然，当太太生气的时候，丈夫也会思考如何哄她。"梦"和"痛"是激发人们思考的阀门，大多数情况下，思考是为了改变。

　　"让思考课程成为教育重点"运动先驱、美国纽约州立大学德里分校教授文森特·拉吉罗（Vincent Ruggiero）在他的著作《思考的艺术》里是这样定义思考的：

　　思考是能够帮助我们阐述或解决问题、做出决定、了解欲望的所有心理活动；思考是探究答案，是获取意义。

什么是关键性思维？

思考并不是漫无目的地白日做梦。美国实用主义哲学家约翰·杜威（John Dewey）在他的著作《我们如何思考》中提到："我们可以用广泛的甚至是不严谨的方法定义思维：凡是在我们头脑里'存在过''一闪而过'的任何想法都可以称为思维……但有一些情况，人们则是用心搜寻证据，确信证据充足，才会接受某种信念。这一思考过程叫作反思性思维，只有这种思维才有意义。反思性思维并不是简单的一串想法，而是一个结果，即连贯有序、因果分明、前后呼应的结果……"

2002 年诺贝尔经济学奖获得者丹尼尔·卡尼曼（Daniel Kahneman）在他的著作《思考，快与慢》中阐述到，人的大脑中有两套系统，即系统 1 和系统 2。

- 系统 1 的运行是无意识且快速的，不怎么费脑力，基于过去的经验和模式，完全处于自主控制状态。
- 系统 2 将注意力转移到需要费脑力的大脑活动上来，例如复杂的运算、分析和规划等。系统 2 的运行通常需要投入较多的认知资源，往往与选择和专注等主观体验相关联。

无论是约翰·杜威提出的"反思性思维"，还是丹尼尔·卡尼曼提出的"系统2"思维的概念，都是本书即将介绍的几套思维流程工具的理论基础。因为这两种思维的启动，都是在人们遇见困惑、犹豫或怀疑的状态下，通过分析、联想、判断等思考方法，获得答案。这些思考过程发生在某些复杂的情境下，需要采用多样的且有深度的思维方法才能达成结果。例如，你可能会碰到意想不到的问题，需要寻找深藏不露的原因；也有可能正在面对让你犹豫不决的重要决策；抑或你即将实施某个危机四伏的计划……这些看上去"麻烦"的情境，需要什么样的思维方法和技能才能高效解决呢？这是本书的重点定位。本书所介绍的一系列思维流程方法并不是一般性的思维技能，我们称之为"关键性思维"。

"关键性思维"犹如攀登高山峻岭，你要清楚终点在哪，哪些路径是正确的，哪些支点可以助力你向上爬且更加省力省时。一位跳高运动员想要跳出好成绩，需要在助跑、起跳、过杆、落下等关键环节刻苦训练。同样，在你解决问题时，想要找到问题的根源，就要对关键环节的关键性信息进行分析，以免南辕北辙。

一位负责销售的咨询顾问，一早上班，就收到N公司（该客户近期有项目需求，正和这位咨询顾问接洽）人力资源部主管的微信留言："露丝，明天上午能否约个电话会议？我的老板有些问题需要咨询。"露丝接到这样的信息非常兴奋。因为已发出近一个月的建议书，客户终于有回音了！于是，露丝连忙跑到老板的办公室，问："老板，明天上午什么时间有空？和 N 公司老板开个会？”这时，露丝的老板汤姆一脸懵。尽管汤姆知道最近在和 N 公司洽谈一个金额不小的人才培养合作项目，但露丝突然抛来的预约让汤姆非常愕然。当汤姆再问露丝究竟发生什么事时，露丝直接把客户的微信留言递给汤姆看。汤姆看完后，问了露丝三个问题。

"露丝，N 公司已有回音了，非常好！对方说的老板是谁（言下之意是什么层级的老板）？你知道他们大概想要谈什么吗？客户说过需要我参与吗？如果你没法回答这三个问题，抱歉，我不能参加明天的会议。"

汤姆的三个问题让露丝无言以对，她转头便向那位发信息的 N 公司人力资源主管联系。

现实工作中，这类场景非常多。我们把露丝这类的销售顾问称为不成熟或思维不缜密的顾问。相反，如果你能提前准备好关键信息，给老板一个帮助你签单的理由，这样才称得上思维成熟的员工。当然，如果你不需要老板出面就能独立和客户沟通完成签单，那你一定是一位资深销售顾问了。

同样，经理人也有思维成熟程度的差异。有些经理人遇到类似请求，会不假思索一口答应，他们经常挂在嘴边的话是"干了再说"。还有一类经理人就像汤姆，提出几个问题让员工思考。可能有些人会认为像汤姆这类老板不够"爽快"，对下属工作不够支持。可以说有这种想法的人都属于不爱思考的人。显然，汤姆是一位拥有成熟思维的经理人，他正在培养露丝的独立思考能力，考虑如何更有把握地拿下订单。

N 公司人力资源主管所发的留言信息哪些才是"关键性"信息呢？露丝只看到预约会议，而汤姆想到的是为什么谈，谈什么，跟谁谈，我们需要做什么准备以确保会议成功并顺利签单，以及如何帮助露丝成长。

衡量一个人的思维是否成熟，要看他在思考的过程能否掌握关键点。有些人在和他人的沟通中，经常采用"复制粘贴"模式，他们会把拿到的原始信息直接转发，稍微动脑筋的人会把信息整理归纳后发送给相关人。一位成熟的管理者最不愿看到自己的员工或同事只会"复制粘贴"的工作方式。露丝的行为就是典型的"复制粘贴"。尽管信息整理和归纳的过程也需要动动脑筋，但并非关键性思维。所谓"关键"即促使成功的要点、关键环节或关键要素等。它们经常隐藏在事情的痛处、死穴、卡点等，往往不易发现，需要经过深入思考才能挖掘到。那么，是什么导致我们有时会失去关键性思维的能力呢？

阻碍关键性思维的思维定式

本末倒置

曾经有许多企业在聘用经理人时，特别关注候选人是否拥有 MBA 学历。我们接触的许多企业每年大部分的培训预算都分配给那些高管或后备高管去读商学院的 MBA 课程。同样，职场人士会把读 MBA 当作晋升或谋取高职位的必备敲门砖。于是乎，那些兜售 MBA 课程的商学院打出诸如"某某商学院 MBA——管理者的摇篮"的广告语，让不少人默认" MBA = 管理者"。管理学家亨利·明茨伯格写了一本《管理者而非 MBA》，深刻且尖锐地论述了 MBA 和管理者这两者根本不应该画等号。甚至对于一些人来说，读 MBA 反而有弊无利。

读 MBA 可能会增加职场砝码，但并不代表一定能提高管理水平。经理人管理水平的提高也并不是必须靠读 MBA。这两者没有直接的因果关系，更不能画等号。

不理会现象背后的本质，反而把现象作为原因，这种本末倒置的思维定式阻碍了关键性思维。

另一种本末倒置的表现是热衷于过程，而忘却了初衷。比如有些人非常善于收集和整理信息，但会不知不觉把信息的收集和整理当成目的，而忘了为什么这么做。为了收集信息而收集信息，想法却不知跑到哪里去了，这样只能使思考停留在事物表面。还有些人过度热衷于分析，陷入为分析而分析的误区，忘了是为了支持什么而分析，于是有时会得出大量前后矛盾的分析资料。这种情况在新手咨询师中屡见不鲜。这类人充其量是"信息的搬运工"，而不是真正的思考者。

这种注重过程、忘掉初衷的思维定式，也是本末倒置的体现，往往会阻碍我们发挥关键性思维。

依赖认知范围的假设

哲学家叔本华说："每个人都把自己视野的极限当作世界的极限。"

如果把"本末倒置"思维定式称为初级思考，那么"依赖认知范围的假设"是具有一定高度的思考。一般来说，一味追求效率的人容易落入这种圈套。原本假设是需要随着新信息的发现不断进化的，可一旦执着于认知范围的假设，就封闭了进化的道路，只停留在本质的"冰山一角"，而无视本质的"全貌"。

什么是认知范围？认知范围包括过往经验、知识、信念或观点等。我们的顾问总是喜欢和学员开展一个短小、简单但有效的练习，即向学员展示一片枫叶的图片，并提问"这是什么"。不出所料，"这是一片枫叶"是最常见的回答。当顾问再次问"太好了！这是什么"时，许多学员露出困惑的表情，"我不是刚刚回答了那个问题吗"。沉默了一段时间后，学员们通常会想出另一个答案，如"加拿大的国家象征"。"很好！这是什么？"顾问的回应依旧。随后，各种各样的答案源源不断地来了……

这个简单的练习表明，大多数人倾向于从他们最熟悉的角度来看待一个特定的话题。这就是认知范围的局限。有趣的是，有人还把有限的认知范围作为假设前提进行深度思考，结果是梯子靠错了墙。

很多年前，宝洁公司曾经在美国推出一款"全温度适宜"的洗衣粉，在美国大获全胜，成为家喻户晓的热销产品。于是，宝洁公司把该产品推广到日本，结果却遭受了意想不到的失败。日本人对于把"全温度"作为卖点感到费解，因为日本家庭一般都用冷水洗衣服，为什么要特别强调"全温度"呢？原来，在美国，曾经因为水质的问题，用冷水洗衣服很难去掉污渍，所以用热水洗衣物非常普遍。因此，如果可以不用热水而直接使用冷水洗涤衣物会很便利，然而，这个卖点并不适用于普遍用冷水洗衣的日本。这是典型的依赖成功经验作为需求假设而进行的一次失败营销。

在与客户的交流中，我们发现不少管理者也会把个人认知作为假设的前提。例如，"决定是否应该将苏珊晋升到团队负责人的职位上"或"确认吉姆是不是造成西海岸销售部门员工士气低落的原因"。这两个命题都是单选决策（只有是或否的选项）。第一个命题，显然，当事人对苏珊是了解和熟悉的，也有一定的信任。所以，他把苏珊确定为未来团队负责人的候选人且是唯一候选人。这种把自己"逼到墙角"的选择的余地非常狭小。如果你找老板审批此事，老板肯定会很不舒服，甚至会怀疑你为何对苏珊"情有独钟"。老板很可能会让你提高决策水平，例如重新定义决策目标——"选择最佳团队领导者"。这样，苏珊显然只是其中的一个选择。这类决策思维方法将在本书第三章的"决策情境"思维流程进行阐述。

　　第二个例子是用预先设计好的原因来构建问题。可怜的吉姆！这里应用的第一个关键性思维技巧是"澄清"。例如，"士气低落"到底是什么意思？西海岸销售团队的人员流失率高吗？如果是这样，问题陈述应该细化为"找出西海岸销售团队人员流失率高的原因"。这类分析思维方法将在本书的第四章的"问题情境"思维流程进行阐述。

　　还有一类以认知范围作为假设的思维定式是，将逻辑基础建立在所谓的常规或常识上，而不是通过自己的理性思考。在哥白尼提出"日心说"之前，世间都认为"地心说"是真理。在没有出现平板电脑前，生产电脑的企业都认为电脑里必须有风扇。我们在为企业管理者组织战略思维工作坊时，大部分企业高管一开始挂在嘴边的一句话是："我们在这行干了很多年了，行规一直就这样，游戏规则无法改变……"360杀毒软件的运营模式，是一个经典的打破游戏规则的案例。在行业规则为普遍收费的情况下，周鸿祎跳出规则之外，推出了免费的商业模式。如今，360杀毒软件已经是市占率最高的杀毒软件。这就是游戏规则的改变。

　　当你的思维掉进他人设定的"常规"里，将很难取得突破，关键性思维亦无从谈起。

依赖框架

　　曾经有位热衷于各类心理测评工具研究的同事，经常找我们做各种心理测试题，如 DISC 、MBTI 等人格类型测评，目的是满足她对不同心理测评工具的实践。她在和我们聊天时，总是时不时用测评工具名称中的字母来点评我们的做事风格或行为特征，例如："你看看，你就是一位典型高'D'和'C'的人，你做事非常有目标感，注重结果，不太注重细节……"。我们在一起讨论客户情况的时候，她也会用DICS或MBTI之类的框架来分析客户的特征，而且津津乐道，仿佛她大脑里装上了宜家的分格收纳箱。在她眼前出现的人都能被分门别类地装到她的"人性类别的收纳箱"里。当我们问她客户公司的具体情况，如该公司的业绩和规模、主要产品和客户特征、竞争对手是谁、该公司有什么痛点、该客户在公司有多大的决策权、他们的采购决策特征如何等业务问题，该同事却经常语焉不详。

后来这位爱测评的同事的直接上司（销售部经理）在公司茶水间和我聊天时说出了他的困惑。这位爱测评的同事看上去和客户关系融洽，并且工作勤快，但就是签单艰难，业绩不理想。当时我是人力资源部经理，销售部经理请我和这位爱测评的同事聊聊，看看原因究竟在哪。

"黛西，我看你对心理测评非常有研究，你为什么想掌握这些心理测评工具呢？"

"以前我感觉自己不是很善于和他人沟通，特别是和客户，后来我学了心理测评，发现用这些心理测评工具就可以清晰地判断客户属于哪类人，有什么特征。"

"你判断客户属于哪种性格特征的目的是什么？"

"促进和客户的关系，建立信任。"

"你和客户建立信任之后呢？或者怎样体现你和客户建立了良好的、深度的信任？"

"她愿意跟我分享更多且重要的信息……"

"什么样的信息对我们签单是重要的？"

庆幸的是，这位爱测评的同事悟性还不错，转变思维后，便很快成长为一名优秀的销售高手。

并不是 DISC 和 MBTI 这些测评工具无效，关键是我们怎么使用它们。送给你一把水果刀，你可以用来切水果，可以用来裁纸，也可以当成攻击他人的匕首。当我们只依赖固化的框架去分析判断变化的事物，便会陷入僵化并无所适从。

学习了很多框架后，自然就想尝试框架的魅力，这并非是坏事。框架可以帮助我们更加清晰且快速地整理信息，如上述爱测评的同事，她能快速甄别客户的性格特征。但这也只是信息整理，而不是真正的思考。框架终究只是辅导思考的工具，而不是可以导出答案的自动机器。同样，本书后面介绍的数个关键性思维流程，并不是要你照搬硬套到你面临的所有情境，它们并不能告诉你答案是什么，只是教你如何去思考以获得最佳答案。如果思考仅限于用框架把事物分门别类以寻求解释，那它绝不是关键性思维。

以上三种思维定式是阻碍关键性思维最常见的思维误区。关键性思维的一个基本要求是要进行几个关键概念的区分，下面提到的几个区分摘录自文森特·拉吉罗（Vincent Ruggiero）

的《思考的艺术》，这些概念最容易被人们所忽略和混淆，从而导致思考无法掌握关键。

- 区分人物和观点。
- 区分审美和判断。
- 区分事实和解释。
- 区分字面意思和反语。
- 区分表达方式和表达效果。
- 区分语言和现实。

训练关键性思维的三种方法

如何训练我们的关键性思维呢？有三种方法，它们分别是"逻辑性思维""批判性思维"和"系统性思维"。这三种方法的难度逐渐递增，对个人思维能力的要求逐步加深。我们尝试用图像（图 1-1）来展示每种思维模式的特征。

逻辑性思维

英国唯物主义哲学家约翰·洛克（John Locke）说："逻辑是对思想的剖析。"

逻辑性思维是使用最多，也是每个人必须具备的基础思维能力。我们从小接收的教育就是以逻辑思维训练为主导。例如老师会让你用思维导图归纳课文的知识点；上数学课你需要掌握不同的运算公式以进行推导和演算；当你踏入社会

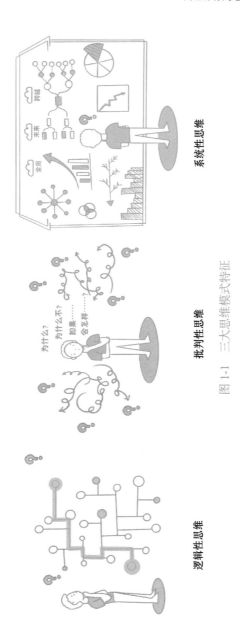

系统性思维

批判性思维

逻辑性思维

图 1-1　三大思维模式特征

应聘工作时，面试官会让你介绍自己，这时面试官就在考察你说话的逻辑；你在给客户撰写建议书或展示方案时，清晰的逻辑脉络是获得青睐的基本要求……逻辑性思维在我们的学习和工作中无处不在。可以说逻辑性思维是有效开展和完成所有工作的基础能力。本书所介绍的所有思维流程也是在逻辑性思维的基础上建立的。

逻辑性思维是人们在认识事物或分析事物时借助概念、判断、推理等思维形式能动地获得理解或答案的理性思考过程。逻辑性思维关注事物之间的关系和规律。逻辑性思维能力强的人，脑子里经常出现的问题是："这个结论是怎么推导出来的？这两者之间有什么关系？结构是什么？……"他们认为所有的事物都应该能用一条线串起来。所以，有些人也把逻辑性思维称为线性思维。逻辑性思维的天敌是"跳跃性思维"。一位注重逻辑性思维的人遇见"天马行空"的人会非常抓狂。

尽管我们从上学到工作一直受逻辑性思维的训练，但并不是每个人都能拥有良好的逻辑性思维能力。有一种最常用的方法可以帮助你提升逻辑性思维能力——演绎法。

演绎法（Hypothetico-deductive-method）又称为假说演绎推理，是指在观察收集相关信息的基础上，通过推理和想象提出解释问题的假说，根据假说进行演绎推理，再通过实验检验推理得出的结论。如果检验结果与预期结论相符，就证明假说是正确的，反之，则说明假说是错误的。我们经常在问题情境中使用这种方法来寻找原因、假设原因和验证原因。

批判性思维

批判性思维权威大师——理查德·保罗（Richard Paul）在《批判性思维》一书中是这么定义"批判性思维（Critical Thinking）"的：

"批判性思维是建立在良好判断的基础上，使用恰当的评估标准对事物的真实价值进行判断和思考。批判性思维有三个维度：分析、评估、创造。"

批判性思维最初的起源可以追溯到苏格拉底。它的特征是通过质疑现状来分析和判断事物，其目的是追溯问题的本质和可能的突破。具有批判性思维的人，他满脑子的问题是："这是真的吗？为什么这样？为什么不是那样？那又如何？"然后会用"如果……会怎样……（What if）"等问题寻找创造性的解决方案。你可以多问"为什么（Why）、为什么不（Why not）、如果……会怎样……（What if）"等问题来训练批判性思维。

系统性思维

系统性思维是将待处理的事物当作一个整体的系统来看待。拥有系统性思维的人关注事物的全局，并且关注未来的趋势。有人说拥有这种思维的人让人感觉到一种"高高在上"或"事不关己"的姿态。因为拥有这类思维特征的人喜欢站在高处鸟瞰"风景",或者抽离事物本身看全貌。他们通常会用横向的、跨越式的思考方式。这类人脑海里经常出现的问题是:"这个对大局有什么影响?这些事物有什么共同特征?它们是怎么互相影响的?对未来有什么影响……"为了看到"全貌",系统性思维的人喜欢采用"归纳法"和"类推法"。

归纳法是一种由个别到一般的推理。归纳法的基本思想是,通过对一定数量的实例进行分析,得出一般性的结论。归纳法可以帮助我们在看上去分散或无序的事物中寻找规律。例如,在战略思考的过程中,如果你想清晰描绘企业的当前轮廓,可以这样思考:我们众多的产品或客户有什么共同的特征或性质呢?需要注意的是,归纳法的有效性取决于样本的数量和质量,以及前提的正确性。

另外一种训练"系统性思维"方法是类推法,它是基于观察到的事实或已知的情况,通过找到相似之处,从而预测出其他事物存在类似可能性的方法。在洞察企业的优劣势时,你可以这样问自己:过去我们有什么特别成功或失败的经历?促成这些成功或失败的因素是什么?这些因素有什么特点?透过这些特征可以发现我们存在哪些优劣势?……

系统性思维是大部分企业高管需要具备的能力。因为高管在做决策时所考虑的各方面因素必须是综合的且前瞻性的。然而,在数字化的今天,矩阵型的组织架构越来越常见，企业对"系统化思维"的要求开始下沉，无论是哪个层级的员工，都需要考虑他的一个决定或所负责的项目，跟其他部门的关联，跟公司大局的关系，甚至对未来动向的影响。

　　管理者的工作向来复杂多样，他们手中的管理事务像一道道综合题，不是靠单一的公式就能解决的。同样，管理者需要同时训练以上三种思维技能方能有效增强关键性思维能力。然而，成年人的学习不再是从理论到理论，最有效的学习方法是"干中学"。本书从第二章开始所介绍的七个思维流程囊括了最常见的管理情境，它们也是关键性思维最常见的应用之处。因此，你无须刻意地逐一训练以上三种思维技能，当你使用本书介绍的七个关键性思维流程处理日常事务时，你将会不知不觉地开始"逻辑性思维、批判性思维和系统性思维"的综合训练了。这也是本书对你的价值之一，让你在实践中训练强大的思维能力。

▲ 如何用好本书

　　如果把思维训练比喻成一场滑雪运动，本章是为你开启运动前准备的热身操。而上文所介绍的各种理论和方法犹如你身上穿的滑雪服、头上戴的头盔、手中紧握的雪杖、脚下踩着的雪橇一样，保护你并助力你滑出好成绩。

　　本书从第二章开始介绍的七个思维流程是围绕最常见的

工作情境中所遇到不同困惑和挑战而设计的，它们之间没有明确的先后顺序和因果关系，你可以根据实际需要进行选择性阅读。它更像是你家里的一套工具箱，里面装有不同工具，你可以根据遇到的不同情境，随时拿起其中的工具开展工作。以下先为你做个简单的介绍指引：

- 当你面对"一头雾水"的情境，这类情境犹如一团乱麻，你不知从何下手，或者无法对眼前的复杂情形进行判断和分类。这时，建议你从第二章开始阅读，该部分会告诉你如何在一个复杂多变的情境中理清思路。
- 当你面对"举棋不定"的决策情境，你纠结于选择太多，无法确定哪个是最佳方案，或者选择太少，陷入"非此即彼"的境况，你可以选择阅读本书第三章，该章告诉你如何理性决策。
- 当你面对"不明原因"的问题情境，这类情境下结果和目标（期望）产生了差距，这个差距的原因深藏不露，你一时无法找到。但如果这个原因找不出来，同样的问题将重复发生，甚至酿成更大的灾难，或者你将错失一个非常有价值的机会。这时，你可以选择阅读本书的第四章，有关问题分析的关键性思维方法。
- 当你面对"危机四伏"的计划情境，你不知道如何预知潜在的风险，也不知如何采用最有效的措施进行风险防范或补救，请阅读第五章有关计划情境的关键性思维流程。

- 当你面对"绞尽脑汁"需要发挥创意的情境，你知道所面临的困境是没有更好的解决方案，或者现行办法被某些障碍卡住了，你需要突破，获得更新更好的点子。这时，你可以进入第六章，丰富的创新灵感导火线在等着你。

- 当你面对"战略不共识"的情境，如果你是企业高管，相信你对这个话题有切肤之痛，"战略不共识"将会使执行举步维艰。如果你还没资格参与公司的战略会议，但你希望有一天能有机会和 CEO 对话讨论公司的未来战略，那么你可以在第七章找到有关提升战略思维的方法。

- 如果你不想在数字化时代失控于虚拟的沟通环境，或者成为被边缘化的管理者，请阅读本书第八章，该部分将告诉你如何成为有价值的"思维教练"，为组织培养更多的关键性思维高手，并为企业建立思维的共同语言。

总之，本书就像一个思维工具箱，供你相机使用。当然，在不同的职业发展阶段，管理工作的侧重点有所不同，你可以依需而学。如果你想在组织里成为值得信赖且有影响力的领导者，就应该掌握本书所有思维技能。

关键性思维

第二章　当面对"一头雾水"的情境

情境判断的困难

错综复杂的事务管理

无论是对个人还是组织，智能化都带来了方便，提升了效率。智能化不仅解放了我们的双手和双脚，随着以 ChatGPT 为代表的人工智能奇点的到来，曾经需要用一周甚至更长时间的脑力劳动，现在只需几秒钟就可以完成。这时，智能化解放了我们的大脑。

然而，很多人每天一睁开眼睛，不用踏入办公室，就有幸（或者说不幸）被一部智能手机带入工作状态，以每周 7 天、每天 24 小时的状态待命工作，你将不断受到各种等待你去处理的事情的轰炸。同时，智能化对工作提出了更高的要求，在某些方面提升了工作的复杂性。从这个角度来看，智能化并没有让我们的大脑更加轻松，而是更加心力交瘁。让我们来看看管理者老丁一天的工作台账。

- 寻找东片区销售额下降的原因（我以为这个问题上次已经解决了）。
- 筛选候选人，希望能找到合适人选替代汤姆。
- 分析最近政策变化所带来的影响，这周五要和 CEO 月度聚餐，准备汇报内容。

- 再找苏谈话，如何说服她留下来？

- 给苏姗的团队提供阶梯价格辅导。

- 是否和 X 公司续约？这家公司过去两年拖欠款严重。

以上事务有些和销售有关，有些和人才有关，有些和战略有关，无论哪一种，其共同特征就是错综复杂，不是靠一个指令或一个行动就能轻易处理。需要你先开动脑筋思考，捋捋思路。并且，这些事情不是仅靠你一个人就能妥妥地完成。例如，"寻找东片区销售额下降的原因"，你知道用什么方法才能把根本原因找到吗？其他竞争对手真的也在下降吗？市场正在发生什么变化？你该找哪些人问话？怎么问？和 CEO 月度聚餐，你是否了解哪些政策真正对你们公司有直接的影响？你明年的工作计划书如何能打动 CEO，让他对你另眼相看，给你提供更大的支持呢？这些看上去杂乱无章的工作台账背后有什么联系吗？处理好这些事务，对组织的战略达成意味着什么呢？

在组织中的管理职位级别越高，需要承担并处理的事务愈发复杂和棘手。一位训练有素的管理者知晓，无论事情有多少，有多难，都会用"紧迫度"和"重要性"的矩阵图把事情按照轻重缓急进行优先排序。也许当你还没把这些事情的轻重缓急排序罗列下来时，突然又增加了几件事情。我们在观察管理者的日常工作中发现：管理者被各种各样的事情困扰，日复一日，年复一年。困扰他们的并不是如何拿捏事情的重要性和紧迫度，而是如何高效地在繁杂的事务中理出头绪并找到达成结果的方法。这时他们需要一个思维导航系统，把"一头雾水"的事务快速地解码，找到达成结果的最佳路径。

难以达成的团队共识

越是重要和复杂的事务，参与的人就越多，越考验团队大脑的共识水平。让我们来看看某家公司数字化转型会上的一幕：

总经理：在数字化浪潮下，我们公司必须力争在明年5月前完成数字化转型的第一阶段，提升组织的效率和客户体验，这个过程的确充满挑战，是对我们高管的领导力和敏捷度的考验。请大家说说你们的行动计划和想法。

IT总监：这次西门子和华为公司根据我们的运营情况量身定做的解决方案已经在月初提交给各位，大家有什么反馈请提出来。

华北区供应链总监：我们觉得人单合一的理念很具启发性，从这个角度看，西门子的解决方案是比较合适的，同时系统的稳定性和速度也让人印象深刻。

华南区供应链总监：最近由于疫情，我们人手不足，为了上这套系统还要额外导入并汇总很多历史数据，忙不过来啊！

销售总监：我们的竞争对手用的是亚马逊云，在收集消费者信息方面速度超快，从而能及时调整营销策略，未来我们这套方案是否也能有同样的响应速度？

财务总监：目前看来，这次耗资数百万美金的数字化内部流程再造完成后，将打通供应链和市场、财务数据的衔接，加快审批和决策流程，可以大大提高效率。

人力资源总监：这个项目涉及公司在全国20个城市近3000名员工，目前组织架构新方案已经在制定中，系统上线后，许多审批汇报关系、岗位描述和KPI都将相应发生变化，工作量非常大，明年5月难以实现全员上线。

当有人提出工作量大，不能按公司要求的时间完成任务时，后面的讨论就开始七嘴八舌，变成"吐槽"会……

以上的场景你可能并不陌生，越来越多的人希望参与到管理中去，尤其是Z世代的员工希望他们的想法能得到充分考虑。想法多固然难能可贵，但是，项目参与方越多，越容易把事情弄得"一头雾水"。因为，古今中外大部分管理者都有一个共同特征，即都有先保护好自己的"一亩三分地"的想法。利益的拉扯和牵制如烟雾笼罩在事务周围。有什么方法既能发挥员工的智慧，共享他们的经验，又能让大家围绕共同的目标达成共识呢？同样，这需要一个共同的思维导航系统。就像企业的电脑操作系统，如果有人安装微软的Windows，有人使用苹果的macOS，还有人用Linux，这时内部管理必将乱成一锅粥。

可见，无论是个人，还是组织，在面对纷繁复杂的情境时，都需要一个"思维导航系统"，帮助个人和团队理清思路，在面对庞杂的事务时能快速解码，根据不同的情境找到相关的关键性思维路径。

情境判断流程

图 2-1 是这个思维导航系统的轮廓概貌。在后面的章节我们将陆续对下图所展示的各个思维流程模块进行详细介绍。

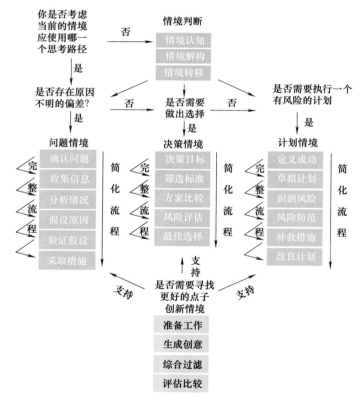

图 2-1　关键性思维导航系统

"情境判断"流程帮助我们准确地评估不同情境的性质，

告诉我们（或我们的授权人）如何"做对的事情"。它是所有
思维流程模块的开宗名义之篇。遗憾的是，在各种复杂多变
情境的持续轰炸中，即使精明的管理者也会被一些无关紧要
的棘手问题所牵制。做正确的事情并不像看上去那么简单。
他们经常犯的错误包括：

- 没有弄清楚事情真相就开始行动。
- 一次想解决一件大事。
- 未能有效地确定优先顺序。

这些管理者有时会管中窥豹，以偏概全。情境判断流程
（图 2-2）可以帮助管理者避免以上错误。

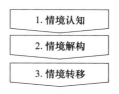

图 2-2　情境判断流程

第一步：情境认知

每个管理者手中都有许多待处理或关切的事情，就如上
文管理者老丁一天的工作台账。有些管理者已经有正式的工
作清单，放在办公桌上或管理软件里，也有不少人会靠记忆
做事。无论是写出来，还是放在心里，最重要的是你是否对
要处理的事务有清晰的情境认知。事实上，看上去很忙碌的

管理者，未必对手中的工作有清晰的认知。

曾经有位 HR 经理在我的工作坊中这样描述她不久前经历的一件事情：

我们集团公司有家下属子公司的销售总监 3 个月前离职了，上个月集团总裁面试了几个销售总监候选人，好不容易其中有一位候选人总裁比较满意，准备把他派送到该子公司当销售总监。我把这个事情告诉了该子公司的总经理，没想到碰了一鼻子灰，该子公司的总经理不同意。原因是该候选人提出的薪酬太高，子公司觉得不值。该怎么办？

我问现场的学员，面对这样的情境，他们会怎么处理。很快，现场经验丰富的学员提出一大堆解决方案，但分享的大部分经验都是围绕如何说服子公司总经理或者说服总裁的说服技巧。结果，提出该话题的 HR 经理仍一脸懵，她无奈地说："你们提出的这些方法，大部分我都尝试过了，但貌似事情进展并没那么顺利，候选人还是未能到岗。而且后来，总裁告诉我可以先不用处理此事了。"

这是典型的"没弄清楚事情的真相（本质）就行动"所造成的困惑。对情境的认知比行动的快慢更加重要。有时我们会用"想当然"的固有思维马上行动。于是，我向这位 HR 经理提出以下几个问题，帮助她理清思路，认清情境。

我让这位 HR 经理在她刚才所描述的事情前加个主语，比如"我、总裁、子公司总经理"等。有趣的是，她这时开始犹豫，但她还是不确定地说："假定就是'我'吧。"于是我再问她："你要做的事情是什么？"这时，她自言自语说了不少，但却不断否定自己所说的。以下是她来来回回的描述：

　　"我要说服子公司的总经理接受这个候选人。"

　　"不是，我要让总裁知道子公司总经理的想法，慎重考虑这位候选人。"

　　"好像也不太对，我要说服总裁和子公司总经理达成一致意见？"

　　"我是不是要继续找更多候选人，直到找到总裁和子公司总经理都满意的人选呢？"

　　"是不是要重新调整招聘的筛选标准？这事我可决定不了。我是不是要把总裁和子公司总经理拉到一起讨论商量此事？"

　　"是不是公司的人才聘用流程出现了问题，我要修订公司的人才聘用流程？"

　　……

　　显然，这位 HR 经理要做（或想做）的事情似乎很多，而且她越往后说，越不确定，在她的语言中开始出现不少"是不是"。这是为什么？想做的事情越多，正确描述情境就越难。这背后的原因是她并没想好该做什么，或者该从哪里下手。

　　接着我再问她："这件事情你希望达成什么结果？"这时，

她倒是能非常明确地回答："总裁和子公司总经理能达成共识。"当我再问她："在哪些方面达成共识？是眼前这位候选人，还是选人的标准？还是其他呢？"她又开始犹豫。

可见，对一个情境的清晰认知并非易事。最后，经过梳理，这位学员重新描述她的情境：

"我要做一些事情，帮助总裁和子公司总经理在筛选销售总监候选人时，能快速达成共识。"

显然，这样的情境描述能更加清晰明了地表达当事人所面对情境的本质和期望达成结果的真实想法。在情境认知过程中，最容易陷入执行的陷阱是因为急于处理扑面而来的表面现象。"子公司总经理认为候选人提出的薪酬太高，不愿接受总裁推荐的候选人"，这是表面现象。事情的表面现象就像一块石头，你只看到它表面的颜色和纹路，但其内在有它自己的深层结构。管理者每天面对的工作情境也是如此，每个情境都有其内在结构，而且是多层多元的。判断一位管理者的职位高低，并不是看他的"头衔"，而是看他每天要处理的工作事务的复杂程度。越复杂的事务越需要三思而行。在开始行动之前，要对当前的情境有四方面的认知，这四个认知可以帮助你更好地认清事务的本质，确保"做对的事情"。具体如下（参见图2-3）：

（1）对"人"的认知：谁负责处理此事？谁对此事后果承担责任？此事涉及哪些利益关系人？

（2）对"结果"的认知：将要处理什么事？要达成什么结果？

（3）对"大局"的认知：此事和公司的大局有什么关系？处理不好或没达成结果会带来什么影响？

（4）对"时机"的认知：处理（完成）此事的最佳时机是什么时候？时间期限有多长？

如以上 HR 经理所提出的情境，如果主语不是 HR 经理本人，而是总裁或那位子公司的总经理，后面要做什么事情和想要达成的结果将不尽相同。

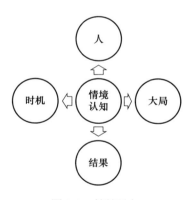

图 2-3　情境认知

以这位 HR 经理的情境为例，让我们走一趟"情境认知"的过程（参见表 2-1）。

"情境认知"步骤帮助管理者快速认知不同工作情境的本质，从而正确地做下一步——情境解构。

表 2-1   情境认知案例

情境描述	情境认知			
	人	结　果	大　局	时　机
我们集团公司有家下属子公司的销售总监3个月前离职了，上月集团总裁面试了几个销售总监候选人，好不容易其中有一位候选人总裁比较满意，准备把他派送到该子公司当销售总监。我把这个事情告诉了该子公司的总经理，没想到碰了一鼻子灰，该子公司的总经理不同意。原因是该候选人提出的薪酬太高，子公司觉得不值。该怎么办？	*谁负责处理此事？ 我 *此事涉及的关键利益人是谁？ 集团总裁和子公司总经理	*作为处理此事的负责人，你希望的结果是什么？ 总裁和子公司总经理就销售总监的候选人快速达成共识	*此事和公司的大局有什么关系？ 如果该岗位空缺时间过长，子公司今年销售指标的完成会受到影响，从而影响到集团未来三年的战略目标	*处理（完成）此事的最佳时机是什么时候？时间期限有多长？ 3月前销售总监必须到岗，因为5月开始是销售旺季
重新描述情境	我要做些事情来促进总裁和子公司总经理就销售总监候选人的聘用标准快速达成共识，以免影响子公司今年销售指标的完成，以及公司未来三年的战略布局			

第二步：情境解构

如果我们达成某工作情境的结果，不是一个行动或一个举措便能完成的，就必须运用恺撒大帝的"分而治之"原则来解决，这就是"情境解构"。它是一种将复杂的情境分解成更小、更具体、更易于执行和管理的子情境的方法。我们将模糊的情境拆解开来，直到拆解成可处理的独立的具体情境。

譬如以上 HR 经理的事例，如果她以"总裁和子公司总经理在筛选销售总监候选人时，能快速达成共识"作为最终结果，她需要做不少事情，这些事情可能就是她"自言自语"蹦出来的那一大堆想法的全部。这里需要特别注意的是情境解构不是越多或越少就好，而是要找到最为关键的有效方法。

既然在"情境认知"的步骤已对"时机"有了认知，解构后的情境也要和这个"时机"链接。有个原则叫"一次只能降落一架飞机"，爱因斯坦也承认他一次只能做一件事，那我们还是要把解构出来的子情境定好优先级。有多种方法可以确定优先级，我们先看一些错误的例子。有种方法叫先进先出，也就是说，首先进入篮筐的东西会立即引起关注。后进先出的方法是相反的，即最后进入篮筐的东西会立即引起关注，因为后放入篮筐的在上面容易看到，一般人设置接收邮件的时间顺序是由最近到最远。另一种方法是"会叫的孩子有奶吃"，即谁喊得最大声，谁就先得到他人的关注。还有常见的一种方法是根据请求者来确定优先级——与级别稍低的同事相比，上司的事更重要。

有时我们会优先考虑想要做的事情，而不是我们需要做的事情。然而，如果我们想正确地确定优先级，则需要留意三个要素。

首先，看严重性。即：

- 这个问题有多重要或多严重？
- 该情境对财务、人身安全、组织安全、名誉等有何影响？

其次，看紧迫性。

- 解决它的最后期限是什么时间？
- 有什么紧急状况？

最后，看扩散速度。

- 如果我们什么都不做，会使事态更严重吗？

　　严重性和紧迫性这两个维度是比较容易理解的，而扩散速度往往会被忽视，其实它同样重要，尤其是在病毒式传播的社交媒体时代。2009 年 7 月，音乐家戴夫·卡罗尔（Dave Caroll）上传到 YouTube 上轰动一时的热门歌曲 MV《联航砸坏了吉他》（*United Breaks Guitars*）就是一个很好的例子。戴夫最初只是向美国联合航空公司（简称美联航）投诉他的一把吉他在托运途中被弄坏了，这在当时事态可能并不是那么严重——只是一个孤立事件。然而，事情的发展态势急转直下。当美联航的解决方案未能让戴夫满意时，他把自己的经历写成歌曲并拍成视频上传到了 YouTube 上。这段视频在 24 小时内被美国有线电视新闻网（CNN）和其他主流电视台疯狂转发，美联航变得被动起来。视频上传的十天之内，美联航股价下跌了 10%，相当于蒸发了 1.8 亿美元。截至 2011 年 12 月，《联航砸坏了吉他》在 YouTube 上的点击量达到 1100 万，还增加了两部续集。如果美联航能提早意识到这样的后果，也许他们会以不同的方式对待戴夫的投诉。那么，你的客户关系管理系统里潜伏着多少个戴夫呢？

把严重性、紧迫性和扩散速度这三个要素应用到情境解构上，将有助于我们正确地确定情境的优先级。

第三步：情境转移

一旦把一个大的情境拆解成若干个子情境并确定了优先级，下一步就是将每个子情境放置到适当的分析和解决流程中。几乎所有的工作情境都可以归为以下四大类，详情如下：

第一种情境来自过去。当它落在你的桌面上时，该事情已经发生了。为什么已经发生的事情会出现在你的待办事项列表上呢？为什么需要有人关心已经发生的事情呢？这可能是因为该事情的结果和预期（或目标）出现了偏差，这种情况我们称之为"问题情境"。例如，上面案例中HR经理提出的"两位高管对销售总监候选人的聘用没有达成共识"，理想的结果是达成共识，偏差就是"没达成共识"。当然，偏差可以是负偏差，也可能是正偏差。正偏差就是常说的"超越期望"。人们常常会对"负偏差"敏感，而忽视了"正偏差"的意义。因为大部分时候我们需要及时去找"负偏差"的原因并纠正它，以尽快达成期望的结果。但是，找出"正偏差"背后的原因同样也是有意义和价值的。"问题情境"思维流程是一个问题诊断分析流程，用于查找未知因素导致出错或者超越预期结果原因的方法流程。该流程将在第四章作阐述，在此不作赘述。

第二种情境是来自当前，你想去或被要求"做某事"。然而，有多种选项或备选方案可供选择，但所有的选项看起来都相当不错，最佳选项并不明显。在这种情况下，你必须在当下进行择优。用于解决此类情境分析的方法称为"决策情境"思维流程。如上文 HR 经理的故事，"帮助总裁和子公司总经理就候选人达成共识"可做的事很多，但该选哪些行动才是有效和恰当的，她需要做筛选。这时她就面对一个"决策情境"。"决策情境"的思维分析流程将在第三章详细介绍。

第三种情境是面对未来，尚未执行而可能存在一定风险，需要做周密的计划。这类情境叫"计划情景"。继续上文 HR 经理的例子，如果她选定其中一个行动计划，例如：重新修订集团公司招聘流程政策。因为这件事不是她一个人能拍板决定的，需要协调相关利益关系方的意见，这时她就要做好计划，分步执行，特别要提前预见可能存在的阻力（或潜在的问题），譬如，有些人不愿意接受修改内容，不配合提出真实的想法等。如果这些潜在的问题是可以预见到的，就可以提前采取行动防止它们发生或减少发生后带来的损失。"计划情境"思维流程用于制订计划和成功实施决策。该流程将在第五章详细介绍。

进入以上三种情境的思维流程时，有时仍会遇到重重困难，绞尽脑汁后如果还想不出解决方法，这时就需要寻找新点子，于是第四种情境——"创新情境"就出现了。那位HR 经理如果用常规的方式还是无法让两位高管达成共识，这时便需要发挥创意，找到更新更好的方法了。有关"创新情境"的方法和流程将在第六章做详细介绍。

图 2-4 可以帮助你快速确定把问题转移到哪个情境思维流程。

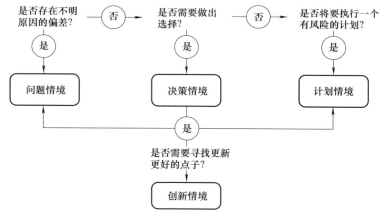

图 2-4　情境转移

如果我们面对的是一个"一头雾水"的复杂情境，不知从何下手，可以利用"情境判断"的三个步骤逐步找到解决脉络。但是，你或许会提出，如果我处理的事情不是大而复杂的，而是多个马上需要处理且没有关联的零碎事情，是否有简易方法快速找到处理事情的思路呢？答案是肯定的。

以上文提到的管理者老丁每周的工作台账为例，他手头的事情看上去是零散的但他已有比较清晰的思路，这时可以直接跳到第三步骤——情境转移。举例如表 2-2。

表 2-2　情境转移案例

事　　件	问题情境（是否存在不明原因的偏差?）	决策情境（是否需要做选择?）	计划情境（是否将要执行一个有风险的计划?）	创新情境（是否需要寻找更新更好的点子?）
寻找东片区销售额下降的原因（我以为这个问题上次已经解决了）	问题情境			
筛选候选人，希望能找到合适人选替代汤姆		决策情境		
分析最近政策变化所带来的影响，这周五要和 CEO 一起月度聚餐，准备汇报内容			计划情境	
再次找苏谈话，如何说服她留下来?				创新情境
给苏姗的团队提供阶梯价格辅导			计划情境	
是否要和 X 公司谈新一年合同续签? 他们过去两年拖欠款严重		决策情境		

▌四大情境之外的关键性思维流程

或许你还有一个疑问，是否有一类事情不在以上四种情境范畴内呢? 恭喜你，你是一位有关键性思维的人。情境判断第一步中的"情境认知"，其中提到对于"大局"的认知，这里的"大局"事关公司战略方向。战略情境不在以上四类情境管理的范畴。但它是产生以上四类情境的"元情境"。一个企业的战略实现，可谓"雄关漫道真如铁"，要翻过很多山脉，趟过许多河流。企业战略的实现需要攻破一道道难关，完成无数个任务。无论是防守还是进攻，战略最终会细化成各种可执行的任务并下落到每位管理者每天手头的各类工作情境中，如老丁的工作台账和那位 HR 经理的困惑，这些复杂零碎的情境都属于运营类管理事务，是企业执行战略的必经之路。那么，当管理者对"大局"并不理解，或没有达成共识，该怎么办？战略应如何形成？战略和这四大情境的关系是什么？我们将在第七章作阐述。

还有人提出，这四大情境的分类界定貌似都是和"事"有关，能否处理和"人"有关的事情？例如团队沟通和合作问题。还有些管理者提出，自己的事情想清楚、做到位容易办到，情境判断流程可以帮助我个人理清思路，但能否帮助团队中其他人梳理思路呢？例如，一个团队一起面对某个情境，每个人各有想法，七嘴八舌，很难达成共识，怎么办？就像上述某公司数字化转型沟通会上的情境，如何是好？再者，如果我遇到一个思维混乱的下属，或者天马行空的老板或客户，这套情境管理的方法还能奏效吗？有关这个问题，我们将在第八章"管理者的新角色：思维教练"中作阐述。

本章小结

随着信息科技发展和业务变革步伐的加快，管理者不断被复杂多变的工作情境所"轰炸",迅速"清空库存"已成为其必备技能。因此,不少企业提出"敏捷组织"的概念,但"敏捷"并不是牺牲质量谈速度。谁都不愿梯子靠错墙,竹篮打水一场空,这绝不是"敏捷"的初衷。因此,"敏捷"的首要含义是思维反应敏捷,而不是行动敏捷。无论什么年代,先"做对的事情",再把"把事情做对"永远都是最高效的。

　　"情境判断"这个模块是一个思维导航系统,在面对复杂迷茫的"路况"时,指引我们找到通往目的地的捷径。它不仅是一种个人工具,还能帮助你和团队、伙伴达成共识,共同找出解决方案。

第三章 　当面对 "举棋
不定" 的决策
情境

选择困难的原因

人生无论长短，都会经历许许多多的决定；企业无论强弱，都需要在日益复杂的环境中做出最优决策。无论是企业层面的决策，还是个人决定都属于选择的范畴。

是否接受某家公司发来的聘用书？

该选哪套房子作为投资？

几个财务总监候选人该选哪位？

今年的营销预算该如何分配？

如何正确地选择新厂址？

该选择哪个投资项目？

……

在商业环境里，无论是员工还是领导者，每天都有可能面对机遇和挑战。任何组织的成功与失败都取决于每天、每月、每年制定决策的质量及其执行。决策对每位管理者、每个组织的重要性不言而喻。因此，有人说"选择比努力重要"；有人说"看他是什么人，就看他每步的选择"；还有人说"什么样的选择决定什么样的未来"。

无论在哪个年代，决策能力都被视为核心领导力之一，然而做选择并不是件容易的事情。在信息闭塞的时代，选择的困难是因为选择太少。然而，在数字化时代，各种信息触手可及，但是我们同样还是会犯"选择困难症"。回想十年前，企业招聘的渠道寥寥无几：网站、报纸和猎头公司。现在，一位招聘经理的招聘渠道比十年前要多出二十倍以上，但还是有不少企业会叹气，人才不好招！

选择太多

曾经有一个经典的心理学实验——退休储蓄计划研究（Iyengar and Lepper，2000）。在这次实验中，研究人员研究了员工选择退休储蓄计划时提供不同数量的选择方案对于员工的影响。研究发现，当提供的退休储蓄计划选项增加时，员工参加储蓄计划的比例实际上有所下降（从 5 个选项增至 40 个选项，参与率下降了 6.6%）。这说明过多的选择可能导致人们不知所措，从而产生拖延或避免做决策的现象。

研究证实过多选择对决策有以下四方面的影响：

（1）信息过载：当面对大量信息时，人们很难对所有信息进行充分的处理和分析。这会使人们感到压力和困惑，从而影响他们做出正确和及时的决策。

（2）分析瘫痪：过多的信息会导致人们在分析过程中陷入瘫痪，因为他们在处理和考虑所有可能性的过程中无法为每个选择分配足够的时间和精力。这可能导致决策被推迟，或者完全无法做出决策。

（3）确认偏误：人们往往会在大量的信息中寻找支持自己

观点的数据或证据，从而忽略或低估与自己观点相反的信息。这导致人们在做决策时容易受到自己的成见和偏好的影响，从而影响决策的正确性。

（4）注意力分散：大量选择会使人们的注意力从重要的事项上分散，使他们难以集中精力处理有关决策的重大问题。

由此可见，无论是管理者还是普通员工，都是信息处理者，当选择泛滥时，他们需要一套有效的筛选机制以掌握关键，快速过滤，缩小选择的范围。

选择太少

然而，在信息爆炸时代，管理者也同样也会陷入选择太少的困境！譬如高级人才和优质投资项目的稀缺。选择太少的典型情境是"只有一个选择"。例如：

- 该不该解聘某高管？
- 要不要购买某地皮？
- 该不该和某企业合资？

这类"要不要""该不该"就是选择太少的典型表现，因为只有一个选择。出现这类选择情境的原因许多，其中常见原因有以下两种：

（1）突如其来的机会

我刚被提拔为行政部经理那年，市场部要补印一批产品宣传资料。当时负责该项采购的员工向我推荐了三家供应商，其中有一家新的供应商想和我们长期合作，便开出一个非常优惠的价格，他们提出如果我们一次性印制四千套资料，只需要付两千套的费用。这个报价非常有吸引力，平均单价可以说是公司历史新低！根据市场部上一年的统计数据，宣传材料年消耗量大约是一千套左右。我当初面对的选择是：要不要印制四千套宣传材料，接受这家新供应商的优惠价？这个突如其来的机会，让我面对一个"要不要"的单一选择情境。

我当时有些"新官上任三把火"的心态，一心想做出业绩。这个新供应商提出的价格，看上去可以帮公司节省不少成本，也能为我年底绩效述职添上光彩的一笔。于是，我最终选择了印制四千套，签下一个公司历史最低单价的采购合同。这个选择的确为我增添了述职时的光彩。但后来我才发现其实这个"四千套决策"是个糟糕的选择，至今让我刻骨铭心！下文我将会详细复盘。

对于管理者，每天除了面对竞争带来的威胁，也会遇到"机会"来敲门。比如，突然有家实力雄厚的投资公司想注资贵公司；有家地产头部企业想和你在当地合作开发新楼盘。这类诱惑性的橄榄枝，有时会让我们"又喜又忧"：当有"忧"的感觉，说明你已开始思考这个"机会"是否真的是好机会？也有人只有"喜"的判断，没有考虑"忧"之处，后来才发现判断严重错误。就像我上面的经历就是一次错误的决策。因此，面对突如其来的机会，选择是否拿下同样需要理性的思考分析。

（2）资源稀缺

我曾在一家地产公司担任人力资源总监，虽然该企业在其所处的二线城市已有较高的知名度和实力，但远不能与全国的头部企业比肩。我们的董事长一直想到一线城市发展，要求我在指定的城市物色高管。我通过无数猎头，跑遍北上广深，发现能坐下来谈条件的候选人寥寥无几。那时正值中国地产行业的高速发展期，有能力有经验的地产高管人才凤毛麟角，而且这些人才早已被无数个企业盯着。像我们这种二线城市地方性的地产公司想招人可谓是"一将难求"。那时，我们经常陷入这样的困境和纠结："要不要接受提出高条件的最佳候选人，还是聘用鸡肋式的候选人？"

好的资源和机会总是在塔尖，而爬到塔尖抢面包总归要费大力气。特别当自己的实力和想要达成的目标距离越大，选择就越少。所以，资源稀缺也是造成选择太少的原因之一。

无论是选择太多，还是选择太少，我们都可以采用不同的理性思考流程达成最佳决策。

思考：选择的数量是否决定选择的质量？

决策的思考流程

选择无论多寡，都会让我们陷入"拿捏不准""举棋不定"

的困境。然而，选择太多和选择太少面对的困难却截然不同，采用的思考流程也有所不同。

当选择太多——面对多个选择的决策思考流程

这是大部分人喜欢的决策情境，因为拥有更多的选择权，可以在多个选项中挑选最佳选择。但是，这一类决策同样存在困难，不少人会提出以下疑惑：

- 选项应该控制在多大范围内而不至于"眼花缭乱"而无从下手？
- 如何判断哪个选项是最佳选择？
- 如果几个选项都没有满意的，怎么办？

哥伦比亚商学院行为科学家希娜·艾杨格（Sheena Iyengar）曾做过一个著名的"果酱实验"，旨在研究选择过多对于决策的影响。

艾杨格教授在一家超市设摊位做了以下实验。该超市的经理坚信给消费者多种选择的益处，因此，在该超市的走廊，你会看到15种瓶装水、150种醋、近250种芥末酱、250种奶酪、300多种口味的果酱等琳琅满目的货品。为了吸引更多的顾客，店内经常举办品尝活动，提供20～30种产品小样供顾客品尝。由于店内选择很多，无疑吸引了大量顾客的注意，但艾杨格提出一个疑问：注意力会转化为购买力吗？

为验证超市经理的"多选择益处"的观念，艾杨格说服经理为她搭一个果酱品尝摊，做一次研究。该摊位靠近超市的入口，这样大部分顾客都能看到。实验人员几小时就会改变一下供应果酱的数量：很多种或少数几种，即在 24 种和 6 种之间更换。

一直在旁边观察的实验人员发现：在 24 种口味品尝摊前品尝过的顾客会查看不同的果酱，如果他们旁边有其他人的话，他们会讨论各种口味的优点。最长的时候，他们会讨论 10 分钟，然而大部分人什么都不买就走了。与之相反，在 6 种口味品尝摊前品尝过的顾客好像知道哪种口味是最适合他们的。他们会来到果酱区，很快拿起一瓶果酱，然后就去买其他东西了。最终统计发现：在 6 种口味摊前品尝过的顾客中有 30% 购买了果酱，但是在 24 种口味摊前品尝过的顾客中只有 3% 的人购买了果酱。尽管顾客对 24 种口味的品尝更感兴趣，但是 6 种口味摊位的购买率比 24 种口味的要高出很多倍。这就是艾杨格教授著名的"果酱实验"。

艾杨格教授还在其他领域做过同样主题的实验和研究，比如，理财产品的选择，线上书店、线上音乐服务等。研究结果都表明，与面对大量选择（20 ～ 30 个）相比，当选择的数量适中时（4 ～ 6 个），人们更容易做出选择，对自己的选择更加自信，而且更加高兴。所以，有人提出"少即多"（Less is more）的观念。在商业环境里，无论你是提供选择的供应者，还是接受选择的决策者，都要留意可选方案的数量。

没有一位老板会因为你把几十位财务总监候选人的简历给他看而表扬你工作勤奋，相反他肯定会质疑你存在的价值。

如何把大量的选择缩减到适中的少数，并筛选出最佳选择呢？这便是决策的关键性思考之一。

根据决策的复杂程度，我们可以采用两种不同的分析思考流程，即"多选项决策全流程"和"决策分析的简化流程"。

（1）多选项决策全流程

当我们面对影响较大（如该决策的结果将影响公司战略的实现）、项目金额较大或参与人较多的重要决策时，我们需要采用"全流程"进行缜密思考分析。例如，选新的工厂厂址，筛选数字化解决方案等。"全流程"一共有五个步骤（图 3-1）。

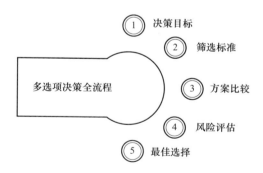

图 3-1　多选项决策全流程

步骤一：决策目标

读过《高效能人士的七个习惯》的经理人一定懂得"以

终为始"的原则，即在处理任何事情前，先清楚目标是什么，才能有效获得结果。理清目标并不像想象的那样容易。关于决策目标的确定，需要明确以下两方面内容。

❖ 当前是否是最佳的决策时机？

中国人讲究"天时地利人和"。在我们为客户设计的重大决策引导会上，开始决策分析之前，我常会向参会成员抛出第一个底层问题："为什么在这个时候要做这个决定？"决策的时间点可以说是决策的地基。"在正确的时间，做正确的决策"至关重要。有些决策未必一定要在现在进行，也许换一个时间和空间会带来更美好的结果。相反，在不正确的时间做选择，即使是好的选项，未必能达成好的结果。有朋友曾问我："你觉得我现在可以创业吗？"我的第一个问题是："你为什么选择'现在'创业呢？"这里特别强调的是"现在"，而不是其他时间。这句话中的"现在"比"创业"更加重要，也就是时间点比事件本身更关键。

"飞信"是中国移动在 2007 年推出的"综合通信服务"工具，它融合语音、GPRS、短信等多种通信方式，实现了互联网和移动网间的无缝通信服务。但几年后，特别是腾讯于 2011 年推出微信后，飞信的用户数直线下降，最终关闭。众所周知，飞信和微信的功能有很多相似之处，但为什么比微信早推出几年的飞信失败了？关键原因在于"时间点"。2007 年，"飞信"刚推出时，智能手机还没有盛行，其功能主要还是靠 PC 端实现。2010 年后，智能手机开始普及，中国步入了移动互联网时代，飞信却没及时跟上时代的步伐。飞信虽然是好产品，但选择了错误的投放时间点。

还有一种情况，手中的选项没有一个满意的，很难下决心做决定。这时，或许你可以尝试先问问：我现在必须做出选择吗？如果现在不做选择，会带来什么后果？决策的时间点，就是我们常说的"时机"，它包含了"天时地利人和"的广阔含义。

❖ 决策目标的描述是否清晰明确？

决策的正确与否往往和目标有关系。如果对决策目标的陈述模糊不清，很难判断结果是否成功。不少企业在决策执行中出现偏差或方向错误，往往是由于决策的目标陈述出了问题。因为目标不清晰，造成团队在参与决策的过程中出现理解偏差。另外，正确的目标描述可以帮助我们去掉糟粕的选项，把选项缩小到有质量的少数。有什么方法可以理清决策目标呢？决策前问三个关键性问题，便可清晰全面地找到决策的"终点"：

问题一：选择什么？

问题二：选择范围是什么？

问题三：决策目的是什么？

一个明确的决策一定包含一个动词和一个决策对象，如"我要买房子"，"买"是动词，"房子"是决策对象。再如"招聘财务总监","招聘"是动词,"财务总监"是决策的对象。但这还不够,还需要在决策对象前加个修饰词,在决策对象后加上目的。如此,决策的"终点"才能快速找到。让我们一起看看以下的决策陈述:

① 公司要购置商铺。

② 公司要在<u>上海</u>购置<u>一间面积 200 平方米</u>的商铺。

③ 公司要在<u>上海</u>购置<u>一间面积 200 平方米</u>的商铺,<u>作为客户体验的旗舰店,为开拓上海市场助力</u>。

显而易见,第三个决策的描述是三个陈述中最清晰的。在决策对象"商铺"前加"上海"和"一间 200 平方米",明确了买商铺的地点、数量和规模;在后面加上"作为客户体验的旗舰店,为开拓上海市场助力",明确了购置商铺的目的是给客户作展示和体验,是为开拓上海市场助力,而不是为开铺现场销售,不是投资。

再如:

① 筛选首席财务官。

② <u>给地产事业部</u>筛选<u>一位</u>首席财务官。

③ <u>给地产事业部</u>筛选<u>一位</u>首席财务官,<u>为上市做准备</u>。

决策目标是确保决策正确的关键,如果决策目标不清晰或出现偏差,将会导致后面一系列决策行为的无效。如以上例子,为"上市做准备"筛选首席财务官和"填补离职的空缺"的要求是不一样的。同样,如果把"地产事业部"改为"零售事业部",那么筛选标准也显然会不同。当然,我们不是在玩文字游戏,决策的重点不在于描述,而在于我们的大脑是否清晰。当一个决策出现时,你自己或团队能否回答以上三个问题?

决策的"对象、范围和目标"清晰地界定了决策的边界,让做决策不至于"大海捞针",提升了决策的速度和精准度。如果把决策的过程比喻成一棵树,决策的目标就是树根。这便是决策的第一个关键性思维。

步骤二:筛选标准

"筛选标准"是选择的条件或可衡量的指标,即选择的筛网。这个环节最容易让人陷入两难。筛网织得太密,会导致备选方案太少甚至找不到。筛网织得太疏,则会陷入选择太多的陷阱而目眩,影响决策的速度和精准度。所以,我们可以通过设置"必备条件"和"补充条件"分层筛选候选方案。对这两个"条件"的界定,需要清晰描述并让团队达成共识。

- "必备条件"的设置要求是:最低要求、不可妥协、符合现实和能够衡量。
- "补充条件"的设置要求是:最好能满足、使用比较性语言、包含对必备条件的引申和补充,要有相对权重。

"必备条件"和"补充条件"的定义和设置要求并不难理解。艰难的是哪些条件应放在"必备"一栏,哪些条件应放在"补充"一栏呢?这也是团队最容易产生分歧的地方。

当这两类"条件"的界定你拿捏不准，或团队难以达成共识，不妨先从"资源"和"结果"两方面理清思路。选择的困难往往是因为"理想（结果）是丰满的，但现实（资源）是骨感的"。如果对"结果"和"资源"有清晰的认知，设定筛选标准的困难便能迎刃而解。借助"资源"和"结果"编织而成的筛网，可轻易地归纳出"必备条件"和"补充条件"。我通过表 3-1 中的四个问题，多次为企业的决策会议快速确定了决策的筛选标准。

表 3-1　决策的筛选标准

结　果	资　源
我们想得到什么结果？	我们有哪些资源可用？
我们要避免什么结果？	我们希望保留或缺少哪些资源？

我曾经参与某家聚合化学产品公司选新厂址的决策会议。与会的有 CEO、市场部经理、生产部经理、财务部经理、储运部经理和人事部经理。这是一个民主的团队，CEO 允许大家各抒己见。会议一开始，大家就必备条件和补充条件的选定闹得不可开交。后来，我请大家回答以上四个问题，他们很快达成共识。详情见表 3-2。

表 3-2　决策的筛选标准使用示例

结　果	资　源
我们想得到什么结果？	我们有哪些资源可用？
• 距离供应商凯班和宁德不超过 4 小时车程	▪ 每平方公里工业用地的价格不超过 500 万元
• 三倍于初期占地面积的发展空间	

(续)

结　　果	资　　源
• 政府对解决当地就业的奖励政策	
• 设立奖励计划	
• 符合企业标准的高质量生活	
• 距离分销商美登公司不超过 4 小时车程	
我们要避免什么结果？	我们希望保留或缺少哪些资源？
• 甲、乙级技工占就业人口比例小于 5% 　的地区	• 员工现有生活成本
• 高税收的省份	

通过清晰梳理"结果"和"资源"，该团队很快确定了以下的"必备条件"和"补充条件"，见表 3-3。

表 3-3　筛选必备条件和补充条件示例

必备条件：• 最低要求
• 不可妥协
• 符合现实
• 能够衡量
• 距离分销商美登不超过 4 小时车程
• 距离供应商凯班不超过 4 小时车程
• 距离供应商宁德不超过 4 小时车程
• 距离供应商百瑞不超过 8 小时车程
• 每平方公里工业用地价格不超过 500 万元

补充条件：包含对必备条件的引申和补充（附带权重）	相 对 权 重
• 尽量多的 C、D 级技工	10
• 根据企业标准，生活质量最高	8
• 工业用地发展空间	6
• 每平方公里最低工业用地地价	5
• 最低税收	4
• 至分销商最近距离	2

(续)

补充条件：包含对必备条件的引申和补充（附带权重）	相 对 权 重
• 至供应商最近距离：凯班	2
宁德	2
百瑞	2
• 最好有地方就业政策奖励	1

　　这里特别需要注意的是在"必备条件"和"补充条件"的筛选过程中，需要听取有经验专家的意见。譬如以上案例中有关地方政策和物流交通的问题，需要听取熟知厂址所在地的政府政策和交通状况的人提供的意见。

　　步骤三：方案比较

　　经过步骤二之后，你便获得了两层筛子，第一层是"必备条件"的筛子，第二层是"补充条件"的筛子。现在把你手中的候选方案（4～6个）先放入第一层"必备条件"的筛子里过滤，这一层拥有"一票否决权"，即候选方案只要有一个条件不符合，就要出局。通过全部"必备条件"筛子的方案可以继续留在第二层"补充条件"的筛子里。这个环节的难点是如何科学地设置补充条件的权重。首先按重要程度给补充条件排序，按10分制分别给每项条件打分，最重要的一项为10分。特别注意：打分要符合客观情况；既不要有太多的高分项，也不要有太多的低分项。

　　表3-4是某公司"'超牢固型'塑料袋在华南地区促销方案"的比较清单，这份方案比较清单清晰地记录了决策的

表3-4 决策情境案例：选择"超竿固型"塑料袋在华南地区的促销方案

筛选标准	权重	A：赠品 情况	是否通过?/得分	加权	B：免费试用 情况	是否通过?/得分	加权	C：新把手设计 情况	是否通过?/得分	加权	D：网络广告 情况	是否通过?/得分	加权	E：折扣券 情况	是否通过?/得分	加权
必备条件																
• 在90天内推出		60天	√		56-70天	√		70-84天	√		60天	√		30天	√	
• 预算不超过50万元		20万元	√		55万元	×		40万元	√		30万元	√		8.5万元	√	
• 增加短期销量≥300万盒		400万盒	√		450万盒	√		500万盒	√		200万盒	×		300万盒	√	
补充条件		情况	得分	加权	情况	得分	加权	情况	得分	加权	情况	得分	加权	情况	得分	加权
• 项目预算越低越好	10	20万元	7	70				40万元	1	10				8.5万元	10	100
• 短期销量提升越大越好	8	400万盒	7	56				500万盒	10	80				300万盒	5	40
• 项目准备时间越短越好	5	60天	5	25				70-84天	1	5				30天	10	50
• 项目带来的长期收益越大越好	2	1%	1	2				10%	10	20				3%	4	8
• 项目对产品形象提升越大越好（1~10,10为最好）	1	3分	4	4				9分	10	10				2分	1	1
• 项目的实施难度越小越好（1~10,10为最难）	4	1分	10	40				8分	1	4				4分	5	20
• 项目需要的人数越少越好	6	100人	5	30				50人	10	60				200人	1	6
				227						189						225

比较过程，是该公司相关经理人一起思考共创的结果，来之不易。

从表3-4中的决策案例不难看出，四个筛选方案经过第一轮"必备条件"的过滤，只剩下方案A（赠品）、方案C（新把手设计）和方案E（折扣券）三个。而方案B（免费试用）和方案D（网络广告）因各有一个条件不能满足而未能通过。

通过第一轮筛选的三个方案再进行第二轮"补充条件"的筛选比较，很明显方案A和方案E的得分最高且分值接近，两者只相差2分。这时怎么办呢？是否马上选定分数最高的方案A（得分227）？并不是！

当两个候选方案走完"补充条件"的筛选，得出的分数非常接近时，这时不能急于选定最高得分者，需要走完以下的风险评估步骤，因为再理想的选择都可能存在风险。

步骤四：风险评估

一个决策走到这里已经接近尾声，决策也逐渐清晰，经过两层筛子的筛选，我们会得出最有可能的少数选项。但是，有时还是会有"心中没底"的感觉。为什么呢？因为任何选择都会存在潜在风险和变数，如果能在事前对风险做出预判并采取相应措施，便可降低风险的危害性。这个环节同样可以通过以下三个关键性问题以理清思路。

问题一：各个候选方案分别带来什么风险？

问题二：风险程度如何（可能性和严重性）？

问题三：有哪些措施可以降低风险？

提前对风险做出预判，可以让我们有充分的心理准备。同样，在这个过程中，专家的意见非常重要，因为有经验的人更清楚可能发生的风险在哪。

在分析风险程度的时候，总会出现过度"保守"和过度"冒进"的人。这两类人容易陷入风险"高"或"低"的纷争中，你作为这个决策的引导人，可以让他们回答风险的"可能性"和"严重性"，而不是简单地论"高低"。再让他们思考有什么措施来降低风险发生的可能性和风险所造成后果的严重性。这样，他们便能很快进入理性评估的状态，对可能发生的风险也心中有底了。至于如何分析潜在风险和采取什么样的有效措施，在第五章有关"计划情境"的章节里将继续阐述。

步骤五：最佳选择

决策分析走到这一步已"水落石出"了，你会发现最后的选择未必是步骤三得分最高的那个。最佳选择是在"分数"和"风险"之间做平衡。它是在你愿意接受的风险条件下，符合标准的最佳或相对适合的方案。如果面对可能性高、严重性也非常高的风险，在采取措施后，剩余风险仍超过你的承受力，这时需要回头跟步骤一的"时机和目标"做连接。需要问自己，如果这样的情况发生了，并且可以预测到它的严重性，我可以承受吗？这样的风险发生以后，会不会违背我的初衷？还要问，现在是不是做这个决策的最佳时机？

（2）决策分析的简化流程

在时间紧、需要尽快采取行动的情况下，我们需要使用决策分析的简化流程。例如，安抚投诉客户的临时行动，已经过经验验证的且经常做的决策。涉及少量的选择标准、候选方案和风险的简单决策，如周末派谁加班，这些情形的决策往往只需要个人做判断来定夺，无须太多人参与，这时便可采用"简化流程"做决策。全流程的决策分析需要经过五个步骤，而简化流程只需要回答以下三个问题，便可以做出理性选择。

问题一：哪些是必备条件？

问题二：有哪些方案供候选？

问题三：候选方案的风险何在？

以上三个问题你可以问自己，也可以问向你征询决策意见的人。

当选择太少——面对只有一个选择的决策思考流程

"只有一个选择"是选择太少的典型情境，其含义已在上文作了解释，这里不再赘述。"要不要/该不该"的"单选决策"让人处在比较被动的情境，大部分人都不太喜欢，谁愿意在一棵树上吊死呢？但在现实中这种情况却非常常见。那该如何处理呢？

继续我当年那个"四千套决策"的愚蠢故事吧。当年我面对价格的诱惑，选择了印制四千套的宣传资料，付两千套款的方案。看上去单价比之前便宜许多，但后来发生的事情让我后悔莫及！首先，当印刷厂把一箱箱印刷资料送到公司时，我着急了，公司没有地方存放！后来不得已到别处租用仓库存放。另外，一年后因公司的产品发生了变化，有不少旧的宣传资料不再使用。况且，越来越多的客户只需要电子版本的宣传资料，不需要纸质印刷品，市场部每年消耗的纸质宣传资料锐减，两年只用了不到一千套资料。更糟糕的是，公司第三年调整战略，更换了 logo 和品牌，那一堆印制精美的资料不得不全部销毁。资料销毁那天，当时印制的材料库存量近三千套！

这是我初为管理者最丢脸的一次决策。尽管公司后来也无人过问，只有我心知肚明，后悔莫及。相信很多企业内部同样隐藏着不少这类短期看似英明的决策，后来才证明是糊涂之举。"四千套决策"的经历让我深深意识到，理性的决策是何等重要，尤其是面对那些富有诱惑性的只有一个选择的决策时。

在商业环境里，我们会遇到许多诱惑，突如其来的橄榄枝，我们究竟接不接？这是动心后纠结如何做选择的开始。这类情境下的决策思考方法和拥有多个选择的决策有所不同。

曾经有位广州电器连锁超市的企业家来问我，"上海有家奢侈品商场找我在上海一起投资开一家新的电器商场，我要不要跟他们合作？"这明显是一个单选决策。首先，我问他为什么这个机会在这个时候让你动心？他告诉我因为这家售卖奢侈品的商场老板主动找他合作，同时他自己也一直有计划在上海开拓新市场。面对这类情境，可以采用以下方法辅助决策。

（1）提升决策级别

当你面对选择有纠结的时候，无论是哪类决策，都要和"目标"连接，即为什么这个时候要做这个选择？选择的目的是什么？这个过程就是决策升级，升级的目标是把"单选题"转化成"多选题"。我让这位企业家重新描述了他的决策，即"我要在上海投资新商场，开拓新市场"。这个决策的描述和前面的"要不要和某售卖奢侈品的商场合作在上海开一家新商场"相比显然提升了一个级别，而且选择的广度更大，和某奢侈品商场合作只是其中一个候选方案而已。

（2）假设一个理论上的选择

当你面临"单选题"拿捏不准时，除了可以通过升级决策级别打开思路，还可以假设一个理论上的选择，也就是你的理想选项，然后将原来的单选项和你理论上的选择进行对比。比如，刚才那位电器连锁超市的老板，他的决策是要在上海开新商场，目的是开拓新市场。但是手中的选择太少，可以合作的人并不多。这个时候怎么办呢？可以假定你理想中上海新商场是怎么样的？然后与手中的选项对比，这样便可比较清晰地决定要不要和上海这家奢侈品商场合作了。

（3）注意"风险"和"必备条件"

任何选择最终都不要忘记考虑"风险"。当年我失败的"四千套决策"就是忽视了潜在风险因素。比如，物资的存储、使用量趋势等。如果有了"潜在风险"的意识，但想不出将会出现哪些风险，怎么办呢？这时需要向有经验的人请教或向上汇报请示。

除了考虑风险，还要注意"必备条件"。"必备条件"源自决策的目标。当年我在做"四千套决策"时，根本没有考虑决策的目标和应设置的必备条件是什么。只是被诱人的低价冲昏了头，简单地把"单价的高低"作为选择的筛选条件。

总而言之，遇见单选决策时，可从以下三个关键要点思考分析：

❖ 提升决策级别

该决策的目的是什么？有没有更多可能达成该目的的方式？

❖ 假设一个理论上的选择

先把眼前的选项放在一边，自问"一个理想的选项"应该是怎样的？眼前的选项与之相比差距有多大？是否可接受？

❖ 注意"风险"和"必备条件"

当前应考虑的最重要的因素有哪些？如果选择眼前的选项会有什么风险吗？

本章小结

面对林林总总令人举棋不定的选择，有两条关键心得送给你。

第一，戒掉"贪心"，谨记"少即多"（Less is More）的原则。

第二，选择中不能只看风险，而忽视了机会。在商业环境里，越是战略性的决策其可选择范围越窄，因为优质资源和机会总是万众瞩目，竞争激烈。百年老店李锦记的企业文化里有一条"6677"法则，即事情有六七成把握就要先干起来，而不是计划得完美无缺才行动。

第四章　当面对"不明原因"的问题情境

问题解决的思维误区

试想你头脑中典型的问题解决者是怎样的一个人。他长什么样？他解决了哪些类型的问题？他是怎么做的？工业时代的人想到的画面是衣服上标有姓名、手拿写字夹板的生产主管迎面走来！当机器损坏时，配备工具箱的工程师会来修理机器。信息化时代的人想到的问题解决者是一位 IT 经理，他无需任何工具，走到你办公桌的电脑边，敲打几下键盘，你的电脑便可以正常使用了。无论是生产主管还是 IT 经理，他们所面对的"问题"是有形的，他们借助自己对机器或电脑软件的深入了解来修理设备，你可能会说，这类问题解决者更多的是依赖经验和专业技术，而不是什么"思维流程"。

当今的世界已大不相同，我们经历了互联网时代，现在正走进数字化时代。管理者的贡献和价值不再体现在解决有"实物"特征的问题上，而更多是无形的软性问题，例如：

- 部门的预算超标
- 某员工最近行为异常
- 某区域销售目标未达成
- 员工流失率呈上升趋势

这些问题情境涉及人、销售数字、效率等，它们所呈现的并非是看得见摸得着的实体。寻找这些问题的原因比以往任何时候都困难，犹如在迷雾里穿行，单靠经验和专业知识已不能有效应对了。

收集、过滤和判断这些问题的相关信息是有效解决问题的主要挑战，我们需要一个思维流程来帮助我们做到这点，并将我们的分析推向最合适的行动方向。但我们的一些习惯性思维阻碍了正确地分析和解决问题。

错误地定义"问题"

无论是在工作场合的交流，还是生活中的闲聊，"问题"一词经常被用到。大部分人习惯性地把困难棘手的事情称为"问题"。一位经理人会这样诉苦：我每天一睁眼就要解决很多问题，例如，

① 在旺季如何分配员工工作任务；

② 为什么营销活动晚了一周；

③ 如何成功地向客户进行第一次演示；

④ 选择最适合晋升的员工；

⑤ 为新的产品制定有创意的销售策略；

⑥ 寻找 AIC 延迟提交工作文件的原因。

如果你详细阅读了本书第二章，便可以轻松地辨识出以上经理人描述的所谓"问题"中其实只有第 2 个和第 6 个才是我们定义的"问题情境"。本书所指的"问题"有专门的定义，即事情的结果和预期（或目标）出现了"偏差"的情境，无论是

这个偏差是正偏差还是负偏差（如图 4-1 所示）。显然，以上第 2 个情境——活动晚了一周，和第 6 个情境——延迟提交工作文件，都是出现了偏差，而理想的状态是"准时"。因此，它们都是需要寻找偏差原因并予以解决的问题情境。

为什么需要特别强调不要把所有的事情都定义为"问题"呢？因为没有一种思维流程方法能帮你解决所有的"问题"。例如，以上经理人描述的第 1 个和第 4 个情境是属于"决策"情境，因为涉及如何做选择，而第 3 个和第 5 个情境属于"计划"情境，因为它们都是一项有待实施，需要分步执行，且可能存在风险的项目。不同情境需要采用不同的思维流程方法才能有效达成结果。"问题"的界定如果不清晰明了，就会让人陷入"一头雾水"的困境，走入"问题"的迷宫。

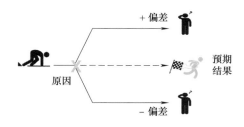

图 4-1　"问题定义"示意图

急于解决，凭经验断定原因

当事情出错时，或者说结果不如意时，人的情绪往往会容易低落或忐忑不安。大部分人的本能反应是马上做些什么。

见火就灭，这是人的本能。幸运的话，你能成功地把一时的"火"灭了，但是，如果没有把"起火"的根本原因找到并切除，问题还是会重复发生，长此以往，解决问题的难度可能越来越大，代价越来越高，并成为组织内部隐藏的"定时炸弹"。

每当有问题发生时，我们都会下意识地思考"我们该如何处理"这个问题，我们都希望把问题转变为行动。在所做事情被大家看到的压力下，热情高涨的管理者有时候会走进随便"做点事情"的怪圈。这往往只会让事情变得更糟糕。

解决问题的高手会凭经验判断可能的原因，在本书第二章中的那位 HR 经理提出她的困惑时，在场有经验的学员第一反应就是七嘴八舌地给她出主意，而不是先了解原因。也难怪，在日常管理中，大部分人更加在乎"如何做"。

有位医生朋友曾和我分享了他凭经验误判一病例的故事。这位医生是治疗各种头部疼痛及眩晕的高手，在当地已小有名气。有一天，一位有眩晕症状的病人上门求医，医生采用常规的问诊方式问了病人几个问题，并且还看了病人送来的未发现病灶的脑部 CT 检查报告。这位医生经过仔细问诊和初步检查，发现病人所描述的症状和他之前治疗过的"美尼尔氏综合征"非常契合，该疾病的病因是人体内耳耳水不平衡造成的。"美尼尔氏综合征"发病率比较高，治这种病也是这位医生的拿手医术之一。于是，他根据"美尼尔氏综合征"的病因开方治疗。按以往经验，病人服药一个月后会有明显改善，但这位病人却一直没有好转的迹象。这位医生马上反思，难道造成眩晕的病因不是内耳的问题？是否有其他病因存在呢？于是他马上查阅了相关书籍并向其他专家请教，根据进一步分析判断，他发现还有一种极少见的病因"脑桥和小脑占位"也会有此症状，一般脑部 CT 检查很少关注脑桥和小脑，且 CT 检查没有核磁检查准确性高，于是我的这位医生朋友就让病人去做加强版的核磁检查，该检查专门针对脑桥和小脑部位而做，结果发现该病人的脑桥长有肿瘤！幸运的是，这个肿瘤还比较微小，眩晕只是早期临床表现之一，经过及时治疗，病人脱离了危险。

用惯性凭经验判断问题原因的人，也会经常凭经验解决问题。经验越丰富的人越容易一意孤行。有些错误判断经过试错后及时悬崖勒马，还能挽回损失，如上文医生的误判，我的医生朋友能及时发现问题的差异，并调整诊断治疗策略，幸而未错过病人的最佳治疗时机。但是，有些事情一旦误判，就会难以挽回。

很多时候，我们因为经验的丰富，反而失去了系统性思考的能力。我们要么断章取义，以偏概全，自以为是；要么不知变通，一叶障目，不见泰山。问题的存在具有系统性和层次性，其产生常常是一系列叠加的关联原因所致。

这里，需要特别注意：切勿混淆"症状"和"原因"的概念。"症状"可以揭露问题，但未必是造成问题的缘由，它们只是寻找原因的线索而已。如果只是"对症下药"，仍不免陷入"头疼医头，脚疼医脚"的思维误区。问题分析是一个对事实抽丝剥茧的客观思考的过程，它关注的是事实，而不应靠直觉。

在问题分析的过程中，除了以上常见的思维误区之外，还经常遇见以下的困难。例如，

- 不知道如何收集信息；
- 不知哪些才是关键信息；
- 因缺乏经验而提不出高质量的假设；
- 缺乏系统的验证方法；
- 解决方案脱离实际。

在现实的管理实践中，管理者需要一种行之有效的思维方法帮助他们找到问题背后的快速"连接点"，例如，ABC 产品的销售量突然下降或 XYZ 流程中的高出错率，以及出现这些问题的原因。

另外，在寻找复杂原因和最佳解决方案的过程中，大多数重大问题都是由团队一起解决的，因此在解决问题时需要克服的困难包括：

- 无法就问题的界定达成一致意见；
- 团队在整理分析问题时缺乏统一有效的模型；
- 怕担责任或得罪他人，假设原因时受情感因素干扰过多。

面对问题分析的种种困难，该怎么办？详见以下"问题情境"的关键思维流程。

■ "问题情境"的关键性思维流程

喜欢看侦探小说的人不难发现，问题分析的过程就像侦探破案。那些故事里的神探，他们有哪些共同点呢？第一，这些人的思维都非常缜密。第二，他们有非常敏锐的观察能力。第三，他们都有丰富的专业和社会经验。以上所讲到的这些特质也是一个问题分析者必备的基本素质。

无论是传说中的神探，还是现实中的优秀管理者，甚至救死扶伤的医生，他们在分析和解决问题的过程中，都会采用相似的思考流程。例如：问题是什么？原因是什么？如何解决？但是，作为管理者，随着你的职位越高，承担的职责范围越大，你面对的问题通常要比常人面对的更复杂，寻找问题原因的难度也随之增加。同时，问题亦有大小、简单和复杂之分，并非所有问题都要采用相同步骤。在"分析原因"的步骤，可以根据问题复杂程度，采用"简化流程"或"全流程"。详见图4-2。简化流程的"分析原因"可以用几个不同的简便方法（下文将做详细介绍）去快速找到原因。但当用简化流程无法找到正确原因时，便需要采用全流程的分析方法。无论是全流程还是简化流程，其首尾步骤都是必经之路，即步骤一的"确认问题"，以及最后步骤的"采取措施"。下面，由简及繁逐一阐述"问题情境"的关键思维流程。

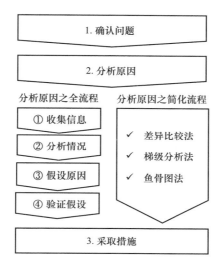

图 4-2 "问题情境"分析思维流程

第一步：确认问题

马斯克说："定义问题比解决问题更重要。"谁都没法帮助那些自己都不知道"问题是什么"的人。所以，确认问题是解决问题的第一步。

或许你会说通过第二章"情境判断"的学习，你已可以清晰定义什么是"问题情境"了，难道还需要进入这个步骤——"确认问题"吗？难道不能直接进入原因分析吗？没错，"情境判断"流程帮助你在"一头雾水"的复杂情境里归类辨认事务，你也懂得所谓的"问题情境"特指结果和目标发生了偏差。但是，偏差是什么？哪里有偏差？并不容易描述清楚。如果不能准确界定偏差，后面也无法正确找到原因。例如，第二章中那位 HR 经理提到集团总裁和分公司总经理意见不统一的情况，是什么发生了偏差？两位高管在哪些方面意见不一致？是选人的标准不同，还是对某个候选人的评价没有形成统一意见？再来看看企业常见的问题情境的描述：

① 销售部和研发部经常有矛盾，影响团队合作；

② 近来员工士气低落；

③ 华南区销售业绩一直不理想。

显而易见，以上的情境都是属于"问题情境"，因为结果和预期目标出现了偏差。但以上的问题描述只表达了出现偏差，但没有说明偏差的程度以及具体的表现。有什么方法可以帮助我们更加明确地确认问题呢？我们可以通过"正常情况"和"实际情况"两个维度来思考：

❖ 正常情况：

● 预期的结果是什么？

● 所谓"正常"或"标准"是什么？

❖ 实际情况：

● 实际发生了什么？

● 实际结果是怎样的？

其中，有关"正常情况"的陈述最难，也最容易出现不理性的判断。不少人会混淆"感受"和"事实"。例如上例第①和第②个问题情境，"影响合作"和"士气低落"两词是个人主观的感受总结，不同人对"合作"和"士气"的要求或期望有不同的理解。有人认为两个人吵架就是合作不好，也有人认为"吵架"是为了更好地合作；有些人认为不服从领导安排是"士气"问题，但有些人认为敢于向领导质疑的员工代表他工作投入且有思想。因此，在进行目标陈述的时候尽量避免用与个人主观感受有关的词语，你需要把这些感受转化成显性的、可感知的、可衡量的陈述。例如，针对第①个情境，你可以这样描述：寻找销售部和研发部一直未能就某个新产品设计模型达成共识的原因。

"确认问题"步骤的另一重要作用是避免"一次解决一个大问题"。在管理中，经理人容易被一类问题所缠绕，并且把一类问题当成一个问题处理，反而没法精准找到问题的根本原因。例如，"绩效考核问题""员工流失率问题"等，这些都是一类大问题，我们需要把这类大问题拆分成若干个具体可描述的问题情境，才能有效解决它们。那如何确定问题呢？以下的描述"公式"可以帮助你。

一个问题 = 一个主体 + 一个偏差（正或负偏差）

主体：出现问题的具体主体是什么？

偏差：该主体存在的具体偏差是什么？

以上公式中的量词"一个"特别重要，是指要聚焦具体某一个问题，无论是发生问题的主体还是出现的偏差。只有遵循"一次只能降落一架飞机"的原则才能高效地解决问题。例如，"近一个月来销售部员工出勤率下滑 20%"的陈述显然要比"近来员工士气低落"的主体描述更加具体明确。"A 卖场本月销量比上月下降了20%"的陈述显然要比"A 卖场业绩突然下降"的描述更加具体。只有缩小主体和偏差的范围，我们才更容易找到关键原因。

第二步：分析原因

工作中，问题就像疾病，可轻可重。今天一早起床你打了几个喷嚏且有些头疼，你自己便能诊断，可能是昨天突然降温，你运动后没有及时更换衣服，感冒了。你在家吃点感冒药就可以解决了。也有些疑难杂症，你自己诊断不了，需要找医生，甚至需要在医院做各种检查逐一排查病因。在寻找问题原因的步骤，我们可以针对问题的复杂程度，采用"简化流程"或"全流程"进行分析。

分析原因之简化流程

以下几种简化分析方法可以帮助我们快速找到问题的原因。

（1）差异比较法

还记得年少时的某个夜深人静的夜晚吗？你把自己悄悄地关在卧室里，背着你的父母，放下作业，沉浸在金庸的武侠小说故事里。当读到精彩之处，突然，桌前的台灯不亮了。

这时你会有些懊恼地猜测——是停电了吗?是不是老妈拉电闸了(她之前就这么干过!)?为验证是否停电,你会再打开屋里其他的灯,发现是正常的,那么显然停电这个原因是不成立的。于是你判断,是台灯本身出故障了。如果你卧室其他的灯也不亮了,你就会悄悄地走出房门,假装上洗手间,打开洗手间的灯看是否正常。如果洗手间的灯也不亮了,这时,你就会走到家里的总电箱前看是不是自己屋的电闸被拉了。就这样,你一边猜测一边用比较的方法逐一排查,最后找到造成灯不亮的罪魁祸首。

当我们碰到一个问题,通常会用自己的常识或经验猜测可能发生的原因,然后用比较的方法逐一验证和排查。直到找到能成立的那一个原因为止,这就是最原始也最常用的原因分析方法——差异比较法。

在实际的工作环境中,管理者遇到的问题远比"灯不亮"要复杂,例如,你负责的 A 卖场一贯表现良好,但上个月突然业绩下滑。是否还可以用差异比较法进行分析呢? 当然可以,但前提是你要找到情况非常相似的比较对象。下面就以" A 卖场一贯表现良好,但上个月突然业绩下滑"的问题情境举例说明。差异比较法分为两种——横向比较法和纵向比较法。

❖ 横向比较法

当相识度较高的两件及以上的事物,其中有一个发生了变化,出问题了,便可采用"横向比较法"寻找原因。如以上例子,ABCD 四个卖场无论是面积、人员数量和地段等条件都非常相似，如果你是 A 卖场的主管，你的老板肯定会让你解释：为什么你负责的 A 卖场业绩会下滑，而其他卖场业绩表现是正常的呢？这是老板常用的管理手段。于是，你会认真思考，A 卖场和其他卖场最近有什么不同？剔除相同条件后，你可以走访其他卖场，和他们的主管和员工交流请教，并仔细观察其他卖场这段时间做了些什么，和你的卖场有哪些不一样的地方。例如员工技能培训、促销活动等有什么差异。横向比较法最适合有比较对象的问题，而且可比较对象之间的相似程度越高越适用于本方法。

❖ 纵向比较法

纵向比较法是和自己比。例如以上卖场的例子，A 卖场业绩是从什么时间开始下滑的？那个时间点前后有什么事情发生吗？紧紧盯住变化的时间节点前后各个方面出现的异常，这些异常极有可能就是造成现在问题的罪魁祸首。

用人会问，横向比较法和纵向比较法是否可以同时采用，还是二选一？这里没有标准答案。二选一还是两种都采用，取决于解决问题的急迫性和造成结果的严重性。你可以同时采用两种方法进行分析，尽量找出更多的原因，再逐一验证排查，这样可以防止漏掉最重要的原因。但如果时间不允许，你可以从你熟悉的业务情况着手，采用纵向比较法，因为只需要跟自己对比，部门内部的信息比较好收集，信息质量较高，也能在较快的时间收集到相关信息。如果使用纵向比较法找不到合适的原因，你可以再采用横向比较法试试。

（2）梯级分析法

还有一些问题情境，背后的原因环环相扣、层层递进。如果使用差异比较法难以找出原因，这时，我们可以采用梯级分析法。此方法的实质是通过一个表面问题，采用刨根问底的方式递进式地寻找它的根源。此分析过程像在走楼梯，因此叫梯级分析法。下面是一个真实案例：

星期二早晨，乐生保险公司的主管于小姐遇到了一个难题。她掌管的客户服务部负责接听客户热线电话。由于员工士气低落，以至于无人愿意承担加班任务，或接替请病假的同事。就连员工公积金的存款金额也在下滑。这种现象只是最近两天才发生的，但于小姐已感到非常困惑。她仍然在极力应付身边的一切困难：新电话簿上的错误使话务员总是转错电话；突然爆发的流行感冒增加了缺勤率；还有，前任上司于两周前调离，新老板刚上任。

员工们也倍受病假减员和频繁误转电话之苦。客户投诉不断："你们到底能不能一次就帮我找到要找的人？""希望你能比你们的电话系统好一点。""就为了改地址这么点小事，我已经跟五个人说过了。"

于小姐不知道该从哪儿入手解决问题。她的新上司宽容地表示会给些帮助，但他希望在十分钟后和于小姐谈话，看看她有什么建议，以及打算从何入手解决问题。

下面我们尝试用梯级分析法帮助于小姐分析她的问题：

员工不愿意承担加班任务（图 4-3）。

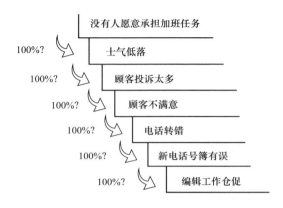

图 4-3　梯级分析法案例图

有些问题的发生，犹如倒下的多米诺骨牌，具有连锁反应。这类问题只要找对原因，一般会很快解决。那我们需要推导多少层才算真的找到根本原因呢？只要你认为找到了足够根源性的原因，就可以停止推导并采取行动。如何使用梯级分析法呢？你可以从你不明原因的那一级开始，以下问题可以帮助你思考分析：

- "问题是什么？"
- "我知道它的原因吗？"
- "我能否 100% 肯定自己知道原因？"
- "我该从哪个梯级入手分析？"
- "根本原因是什么？"
- "我能够采取哪些纠正性的行动？"

在使用梯级分析法时，需要大量的经验和信息来辅助。需要特别强调，从上一级到下一级的推断，必须要求百分之百的肯定。当我们从上一级往下一级推导时，如果没法百分之百地确定是这个原因造成的，这个时候就说明我们的信息不确定或不完整，这时要求我们停下来去收集信息，直到我们能够确认这个问题和原因之间是百分之百的因果关系为止。

（3）鱼骨图法

鱼骨图是分析较为复杂问题原因的方法，这个方法最早应用在生产型企业。在生产过程当中，很多问题的存在都和五个因素相关。即：人的因素、机器设备的因素、材料的因素、方法规定的因素和内外部环境的因素。所以，也有人称之为"人机料法环"分析法。它最早起源于日本的全面质量管理，但后来经常应用在日常管理中。鱼骨图适合于分析"并发症"，即由多原因共同造成的问题。详见图4-4。

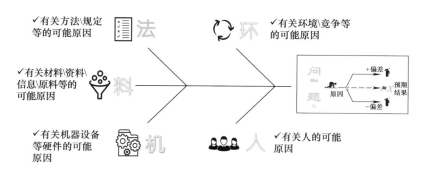

图 4-4　鱼骨图

到此，让我们简单总结以上三种简化流程的原因分析法的优缺点及其适合的不同应用场景：

- 差异比较法：适用熟悉的情况，且有相似情况的比较对象，或者有明显时间节点变化的情况。
- 梯级分析法：最适用于分析连锁反应造成的问题。
- 鱼骨图法：稍微耗时耗力，适合用在由多原因共同引发的问题。

分析原因之全流程

有了以上三种分析原因的简化流程，已经足以应对工作中大部分的问题情境分析了。

如果应用以上方法后，还未能有效找到原因，怎么办？面对存在疑难杂症的问题情境，这个时候我们就需要进行更加全面的信息收集和逻辑推理了。如果把上述三种简单的原因分析比喻成常规武器，而下面的方法可以说是"核武器"。复杂问题表现出来的症状是多样的，原因是"深不可测"的。分析原因的全流程分四个步骤，即：收集信息、分析情况、假设原因和验证假设。要揪出盘根错杂的关键原因，我们必须仔细收集信息，信息是寻找真相的线索。像医生一样，收集信息应从"症状"开始。

（1）收集信息

在问题分析步骤中，收集信息这一步是最容易被忽视的，或者人们在收集信息时容易草草完事，或不按顺序进行。为什么会这样？主要有两个原因：

- 付诸行动的欲望强烈（但这应该是最后一步）。
- 自认为对问题真实面目非常清楚。

收集信息步骤之所以非常重要，是因为：

- 这将消除多余的或不相关的信息，否则可能误导我们前进的方向。
- 这使我们能够清楚地发现需要填补的信息空白。
- 发现我们遗漏了哪些信息。
- 这将构成发现可能原因的基础。
- 这使我们能够测试可能的原因（演绎逻辑而非物理测试），从而可以快速地分离出最可能的原因。

寻找问题原因的真相完全依赖于收集到信息的质量。这并不像听起来那么容易。关于问题的真实数据通常是零散的、梳理不良的或丢失的。但我们可以用以下 3W1H 的方法，有逻辑有秩序地把它们归类收集。

特征（What）：问题是什么？

位置（Where）：在哪里发生？

时间（When）：什么时候发生的？

范围（How much/Many）：问题的程度如何？

以上四个方面的信息，可以确保我们正确且清晰地描绘出问题的真实面目。这四个方面如果存在某些差距或变化，至少我们知道该从哪方面收集信息。

牛顿曾发现：一切物体在没有受到力的作用时，总保持静止状态或匀速直线运动状态。这就是著名的牛顿第一运动定律。这个定律同样可以用在日常工作的问题分析。问题出现偏差，同样也是因为发生了变化。如何确定变化呢？其实很简单，你只要如实描述以上四个方面的"是和不是"。许多人最初觉得这很奇怪又令人困惑。事实上，这是高度直观的分析方法。下面是一些例子，我们可以用来进行"是和不是"的思维训练。

你正在看电视，屏幕突然变黑。你的自然反应首先是（几乎是立即）确认灯或其他电子设备是否正常工作。然后，你会切换频道，看看其他频道是否能正常工作。随后你发现是收看的 A 频道信号出了问题，而不是电视出了故障。

当你因胃部疼痛去看病时，医生会按压不同部位以根据你的反应来判断疼痛的范围，他会不断地问你：是这里疼，还是那里疼？（即疼痛发生在哪里，不在哪里）。

到此，你可能发现，"是和不是"和简化流程的"差异比较法"非常类似。对，你很聪明！分析原因的全流程中我们会经常使用"差异比较"的思考技能。不同的是，简化流程中的"差异比较法"只在两个维度（横向和纵向）上找差异，在你熟悉的领域使用它会更加有效。而以上 3W1H 四方面的"是和不是"可以让你在不熟悉的领域完成信息收集。

我的一位朋友阿贝刚被一家地产公司聘用，阿贝负责该地产公司新楼盘的销售，其中包括车位的销售。阿贝新官上任三把火，本想撸起袖子大干一场。然而，他刚上任 3 个月，销售没有达到预期的指标。销售指标延续了上一任经理的指标，没有因为阿贝的到任而调高或降低，而且上一任经理人过往每季度都能完成指标，有时还超额完成，这也是他被提拔到其他部门当总监的原因。这事让阿贝感到非常沮丧。他来找我寻求帮助，我告诉他，出现问题是学习的机会，你可以通过寻找问题的原因，在新的工作环境积累经验。阿贝对新公司的情况不是非常熟悉，包括人员和楼盘的情况。为了能快速缩小问题的范围，我让他先采用"差异比较法"回答以下问题：是哪类产品销售未达目标？阿贝从销售数据中很快发现，问题主要发生在车位的销售上。于是，阿贝重新描述了他的问题，另外，我给他的以下表格很快帮他摸清了问题的真实面貌（详见表 4-1）。

表 4-1　收集信息案例

问题描述：第三季度车位销售只完成70%的指标，差距30%

收集信息		
	是（Is）	不是（Is Not）
	什么（What）	
特征	思考：是什么（单位/主体/事物）发生了问题?出现了什么缺陷？	思考：肯定没有发生问题的其他主体，肯定没有出现的其他缺陷
	X 楼盘车位销售	W、Y、Z 楼盘的新车位

（续）

收集信息	
是（Is）	不是（Is Not）
哪里（Where）	

	哪里（Where）	
位置	思考：在哪里（地理位置）能看到问题？缺陷在主体上的位置？	思考：肯定看不到该问题的其他位置；肯定不存在该缺陷的其他位置
	成都武侯区	成都其他区
	何时（When）	
时间	思考：最早发现问题的时间？缺陷出现在主体生命/运作周期的什么阶段？缺陷表现出什么规律？	思考：肯定不是"最早"的其他时间；肯定不存在该缺陷的其他阶段；肯定不存在的其他规律
	开盘第二周	开盘第一周
	多少（How much/Many）	
范围	思考：存在缺陷的主体的数量。主体上存在多少个缺陷？主体上缺陷的程度如何？缺陷的发展趋势如何？	思考：肯定不符合事实的其他数量；肯定不符合事实的其他缺陷的个数、程度或发展趋势
	第二周仅售出50个	计划售出200个

3W1H和"是和不是"的方法能更清晰地界定问题，这些界限将帮助我们完成以下步骤：

- 帮助分离差异。
- 提供一个"试验台"，以排查在测试步骤中的可能原因。

（2）分析情况

这一步到了需要我们戴上深度思考的帽子了。所谓的分析情况，就是根据收集到的"是和不是"的信息去寻找这里面有哪些疑点，疑点可以从差异和变化的视角来探索。而这些疑点背后隐藏着问题的原因。发现问题的疑点，很大程度上依赖当事人的经验以及专业知识。这两方面会决定他们怀疑的疑点是否准确，是否有意义。所以，如果你在此环节经验和专业技术储备不足，一定要及时请教相关有经验的人。

以上述阿贝的销售问题为例，阿贝用 3W1H 收集完信息后，用"是和不是"的方法做好了关键信息的界定。这时，他需要思考的疑点是：

- 为什么这样的问题仅出现在 X 楼盘，而其他的楼盘不存在？

- 为什么问题是在第二周才出现的？而第一周不存在这样的问题呢？

这两个疑点的确很值得我们深入挖掘和思考。

一位团队成员说："X 楼盘肯定有什么不同之处。"另一位团队成员说："是的，也可能是销售过程中有些东西发生了改变。"掌握差异和变化的概念是分析情况的关键思维技巧。将问题所在区域和非问题所在区域进行比较，从掌握的信息中分析"是"相对于"不是"有何差异和特别之处，以及每一项差异之中包含了哪些变化，变化发生于何时。

检查差异，确定变化，记录发生变化的时间节点。寻找原因必须以这些变化为中心。如果没有发生任何变化，就不会有问题。这样，我们便可精准缩小搜索原因的范围了。

（3）假设原因

到目前为止，前面我们一直在做信息收集和分析。现在，我们需要对疑点进行原因假设。继续以阿贝的销售问题为例。阿贝可以针对表 4-1 中的两个疑点的原因提出假设。例如，"为什么是 X 楼盘，而不是其他楼盘？"经对比发现，原来最主要的原因可能是 X 楼盘车位的售价偏高。另外一个疑点是"为什么问题是从第二周开始出现，而不是第一周呢？"经过了解情况之后，阿贝发现从第二周开始，最有经验的销售人员请假了。

"价格偏高"和"有经验的销售人员请假"就是假设的有可能导致问题出现的原因。

通过对偏差的分析，我们针对偏差的可能原因提出一些假设。假设是根据问题解决团队的经验和专业知识对变化和差异的原因提出的合理猜测。假设的目的是"解释差异和变化是如何导致问题发生的"。在这个阶段，我们列出所有合理的、有建设性的假设。

（4）验证假设

所谓验证就是通过提问来考察假设的原因是否客观存在。该环节需要回过头动用第一步"确认问题"中问题描述的功力。

为了能消除那些与问题无关的因素，我们通过问题描述筛选每种可能原因。如果某个假设的原因不能解释问题描述的正反两面，那么它可能不是真正的原因。

例如，上文例子中，阿贝第一个猜测出来的原因是 X 楼盘的车位售价偏高。这很容易验证，售价偏高是事实吗？偏高多少，我们只需要与同类楼盘车位的价格进行比较便可发现。经过了这个步骤以后，我们就能够判断所谓"价格偏高"的原因是否成立了。

另外一个假设原因，"最有经验的销售人员"请假了，我们需要验证这是事实吗？这个销售人员对销量的贡献有多少？他的缺席是否足以导致"30% 未达标"？

经过这样一步步对假设原因的反复验证，我们总能够找到导致问题的根本原因。

现在以阿贝的销售问题为例，用以下表格展示分析原因的全流程（见表 4-2）。

第三步：采取措施

问题分析走到此步骤，可以说是"走出迷宫，揭开谜底"了，是值得庆贺的时刻！有些问题谜底一旦揭开，解决问题便轻而易举。

华盛顿杰弗逊纪念馆曾经在某一个阶段，建筑主体的石料磨损非常严重。公众对此非常疑惑，有志愿者就此展开探寻。他们通过"梯级分析法"层层拨开迷雾（如图 4-5），最后找到的根本原因是"纪念馆近年来改变的一个政策，使

表 4-2　分析原因全流程案例图

问题描述：第三季度车位销售只完成70%的指标，差距30%

	收集信息		分析情况	假设原因	验证假设	原因是否成立
	是（Is）	不是（Is Not）	变化\差异\时间（思考：从掌握的信息分析，分析"是"相对于"不是"有何差异和特别之处？每一项差异之中包含了哪些变化？变化发生于何时？）	可能原因（思考：通过研究"差异"和"变化"，你能够对问题的可能原因做怎样的假设？）	思考：假设原因是否成立？如果原因就是这原因，它如何解释……	思考：哪一个原因能最好地解释前面收集到的信息？
特征	什么（What）					
	思考：是什么（单位/主体/事物）发生了问题？出现了什么缺陷？	思考：肯定没有发生问题的其他主体、肯定没有出现的其他缺陷	为什么问题只发生在X楼盘？而没有出现在其他楼盘？			
	X楼盘车位销售	W、Y、Z楼盘的新车位		• 可能原因：价格偏高	• 售价偏高是事实吗？偏高多少？	否

（续）

收集信息		分析情况	假设原因	验证假设	原因是否成立？
是（Is）	不是（Is Not）	变化\差异\时间（思考：从掌握的信息分析，分析"是"有何差异和于"不是"有何差异和特别之处？每一项差异之中包含了哪些变化？变化发生于何时？)	可能原因（思考：通过研究"差异"和"变化"，你能够对问题的可能原因做怎样的假设？）	思考：假设原因是否成立？如果这个原因就是这个原因，它如何解释……	思考：哪一个原因能最好地解释前面收集到的信息？
哪里（Where）					
思考：在哪里（地理位置）能看到问题？缺陷在主体上的什么位置？	思考：肯定看不到该问题的其他位置；肯定不存在该缺陷的其他位置				
位置 成都武侯区	成都其他区				

（续）

	收集信息		分析情况	假设原因	验证假设	原因是否成立？
	是（Is）	不是（Is Not）	变异\差异\时间（思考：从掌握的信息分析，分析"是"和"不是"有何差异和特别之处？每一项差异之中包含了哪些变化？变化发生于何时？）	可能原因（思考：通过研究"差异"和"变化"，你能够对问题的可能原因做怎样的假设？）	思考：假设成立？因果是否成立就是原因，如果这是原因，它如何解释……	思考：哪一个原因能更好地解释前面收集到的信息？
时间	思考：最早发现问题的时间？缺陷出现在主体生命/运作周期的什么阶段？缺陷表现出什么规律？	思考："最早"的其他时间？肯定不在该缺陷的其他阶段？肯定不在的其他规律？				
	开盘第二周	开盘第一周	为什么问题从第二周开始？而不是第一周？发生了什么？	• 可能原因：有经验的销售人员第二周休假	• 这是事实吗？该销售人员对销量的贡献有多大？他的缺席是否足以导致30%的销量下滑？	是

（续）

收集信息		分析情况	假设原因	验证假设	原因是否成立？
是（Is）	不是（Is Not）	变化\差异\时间（思考：从掌握的信息分析，分析"是"有何差异和于"不是"有何差别之处？每一项差异之中包含了哪些变化？变化发生于何时？）	可能原因（思考：通过研究"差异"和"变化"，你能够对问题的可能原因做怎样的假设？）	思考：假设原因是否成立？如果这个原因成立就是原因，它如何解释……	思考：哪一个原因能更好地解释前面收集到的信息？

范围	多少（How Much/Many）					
	思考：存在缺陷的主体的数量。主体上存在多少个缺陷？主体上缺陷的程度如何？缺陷的程度发展趋势如何？第二周仅售出50个	思考：肯定不符合事实的其他数量；肯定不符合事实的其他缺陷的个数、程度或发展趋势；计划售出200个				

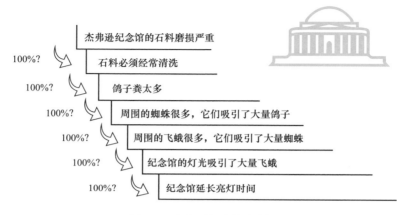

杰弗逊纪念馆的石料磨损严重

100%?

石料必须经常清洗

100%?

鸽子粪太多

100%?

周围的蜘蛛很多，它们吸引了大量鸽子

100%?

周围的飞蛾很多，它们吸引了大量蜘蛛

100%?

纪念馆的灯光吸引了大量飞蛾

100%?

纪念馆延长亮灯时间

图 4-5　杰弗逊纪念馆案例图

晚上的亮灯时间比原来延长了，这一段额外延长的亮灯时间，吸引来了大量的飞蛾"。这个问题很容易解决，只要缩短纪念馆的亮灯时间就可以了。

但是，有些问题找到原因了，却不太容易解决。

唐朝著名诗人杜甫落魄时，在成都浣花溪边盖起了一座茅屋，不料在八月，大风破屋，大雨又接踵而至。诗人长夜难眠，感慨万千，写下了脍炙人口的诗篇《茅屋为秋风所破歌》——"床头屋漏无干处，雨脚如麻未断绝"。这时杜甫除了感慨万分写诗释怀，最为重要的是修补茅屋，写诗解决不了漏雨问题。此时，杜甫可以采用三种方法来修补茅屋（见图 4-6）。

用一个桶在漏雨的地方接水，避免雨水浸漫屋内，这叫适应性措施；天亮时，他还可以到屋顶补漏，这叫临时性措施；再者，他可以找专业施工队全面大修房子，甚至换套新房。目的是彻底解决问题，这叫纠正性措施。

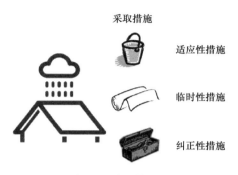

图 4-6　采取措施图

显然，"适应性措施""临时性措施"和"纠正性措施"三种措施需要的时间和成本及其效果不尽相同。

- 适应性措施：我们决定接受问题或让自己去适应这个问题，此措施旨在降低问题的影响。
- 临时性措施：当我们找出问题的原因时，临时性措施可以用来争取时间，同样旨在短时间内降低问题的影响。
- 纠正性措施：这是唯一一个旨在彻底消除问题的举措，其目的是切断问题的根本原因。

从理论上讲，纠正性措施是最好的方式。理想的状态是我们应尽可能地采用纠正性措施。然而，受限于客观条件，如需要的资金或时间等资源匮乏，纠正性措施有可能实施不了。

在形势紧张时，我们可能被迫采取临时性措施，之后再进行全面调查。例如，一家银行的 ATM 机网络出现了故障。在这种情况下，当数以百万计的用户感到不便时，银行必须采取临时性措施让系统重新启动并恢复正常运行。但我们要避免不进行全面调查，而寄希望于这种"创可贴"式的解决方案能一劳永逸。

如何判断是采取纠正性措施还是适应性措施呢？如果采取纠正性措施的代价超过了问题本身的成本，那么采取适应性措施可能是恰当的。举一个简单的例子，地毯上有一块很难去除的污渍，与其换掉整块地毯，我们不如选择用一块小垫子将其遮盖。

当出现偏差时，无论问题是"正偏差"还是"负偏差"，其分析流程和方法都是一样的，只是"采取措施"的方法不尽相同。以上的三类"措施"是针对"负偏差"的问题。但是，如果出现"正偏差"呢？即"意外成功"或"惊喜"。这时，问题无须解决，而是把"意外成功的原因"找出来后，思考如何利用和复制"意外的成功"，这也是创新的机会。关于如何把"正偏差"变成创新机会，你可以到本书第八章寻找答案。

本章小结

"问题情境"是所有情境中发生率和关注度最高的情境。所以，大部分人能掌握"问题分析"的基本思考流程——确认问题、分析原因和采取措施三部曲。其难点不在于"问题情境"的分析流程，而在于每个步骤中思考的关键点。其中难度最大的是"分析原因"环节。有几个思考的小技巧不妨牢记，并不断训练，使之成为你的思维习惯。

❖ 变化的作用

在大多数情况下，问题的出现是由变化引起的，如果没有发生任何变化，结果倾向于不变或正常。所以，在问题分析的时候，要充分利用变化，包括主体的变化、时间的变化、地点的变化等；用好3W1H工具，它是一个观察变化的指南针。

❖ 利用差异

作为管理者，在你的团队中如果发现有一位员工业绩表现不佳，最快速的分析办法就是思考"这位员工和其他员工有什么不一样"。观察同类事物的差异，是发现原因的捷径。同样，3W1H也是你观察差异的指南针。

或许你会提出：如果出现问题偏差的原因是目标设置不够科学，例如目标太高，怎么办？恭喜你，你是一位非常有批判性思维的人。但是，如果你还没有用本章节给你的方法寻找原因，就断定是目标太高了，你的老板一定会问你："同样的目标，其他部门为什么能完成？"目标设定太高是可能存在的原因之一，它也可以通过本章的问题分析流程的方法找到，只是无论是企业高管还是普通经理人，谁都不会先假定目标的设置是造成问题偏差的原因。除非目标的设置是拍脑袋决定的，相信没有一个企业设置目标纯粹是靠拍脑袋。

有关企业战略及目标设置的相关问题，请阅读本书第七章。

案　例

如果你对生产型企业的质量问题感兴趣，并想更全面系统地理解"分析原因全流程"，你可以继续阅读以下的真实案例。你将发现，无论多么复杂的问题情境，涉及的人员有多少，你只要采用"问题分析表格"（表4-3、表4-4），很快就能理清思路。

索菲公司"质量问题"案例

几年前，索菲公司决定增加两条新型沐浴露的生产线。新产品配方独特，大受市场欢迎，公司每年的销售业绩也证明了它的成功。新沐浴露分为两种香型："索菲柔顺型"和"索菲独特型"。两种产品都采用塑料瓶装。

两种产品各有一条单独的生产线，但生产流程相似。如图4-7所示：1号线生产"索菲柔顺型"，2号线生产"索菲独特型"。两线各有一名工人负责把空瓶从包装箱内放到传送带上。随后，空瓶被送到一个装有洗涤剂的清洗槽内进行清洗。洗涤液的深度刚好达到瓶颈的高度。两条线上各有一个这样的清洗槽，槽内的洗涤液每一小时更换一次。工人有时

表4-3 质量问题案例 -1号线

问题分析表 (Problem Analysis Worksheet)

偏离：正常/标准情况 没有气泡　实际情况 标签下有气泡　　　　　日期：

问题陈述（主题/缺陷）：1号线标签下周期性出现气泡　　分析人：

	信息 √	是	不是	差异	变化	日期	假设 可能原因	验证
特征	主题:	1号线标签	2号线标签	生产线	1号线线速提高到30箱/小时	1周前	• 线速太快，喷胶时间不足，喷胶不充分	
	缺陷:	气泡	其他缺陷（穿孔、撕裂、贴歪）				• 瓶体在清洗池内浸泡时间不够	
位置	哪里:	1号线质检	其他生产环节 客户端				• 线速提高，洗涤液失效	
	缺陷:	无规律	特定位置					
时间	何时:	1周前	更早/更晚	胶水	黏稠度降低	10天前	• 胶水黏稠度不够	如果这是原因，它如何解释……?
	缺陷:	周期性	其他生产环节 持续性、间歇性	工人	新工人	3周前	• 新工人不带手套	
程度	主体:	9%	>9%，<9%					
	缺陷:	数量不等 不详	相同数量 增加、持平、减少					

101

表 4-4　质量问题案例 -2 号线

问题分析表（Problem Analysis Worksheet）

偏离：正常 标准正确 标签位置正确　　实际情况 标签不正

问题陈述（主题/缺陷）：2号线标签不正

日期：

分析人：

	信息	是	不是	差异	分析	变化	日期	假设（可能原因）
特征	主题：2号线标签	2号线标签	1号线标签	生产线	2号线线速提高到115箱/小时		1周前	• 线速太快，喷胶时间不足，喷胶不充分
	缺陷：标签不正	标签不正	其他缺陷（脱落，气泡等）	标签				• 瓶在清洗池内浸泡时间不够
位置	哪里：2号线质检	2号线质检	1号线质检			新标签	12:30	• 新胶水 • 气压不正
	缺陷：偏右	偏右	偏左 颠倒					
时间	何时：从午饭起	从午饭起	更早/更晚				10天前	• 新工人不带手套 • 新标签
	缺陷：每6个瓶子有一个 1/6	每6个瓶子有一个	所有瓶子				3周前	
程度	主体：数量不等 不详		更多/更少					
	缺陷：数量不等 不详	数量不等 不详	更多/更少					

验证
如果这就是原因，
它如何解释……？

需要摆正瓶子的位置,以便下一道工序的进行。空瓶紧接着来到装瓶站,沐浴露被注入瓶内,然后在香料站加入香料。这两个站都装备有高速轮盘式添加机。下面的一道工序是加盖。

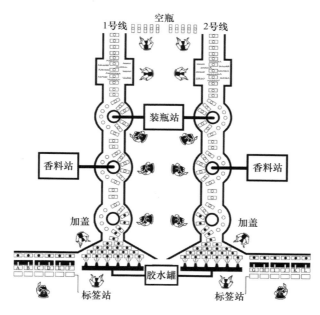

图 4-7　质量问题案例 – 生产线图

加盖后瓶子被送上一个速度较慢的传送带,并码放成 6 个一行。下一道工序是在瓶身上喷胶,随后在标签站被贴上标签。贴标签的过程是由一个气压吸盘从滚筒中吸取一张标签,然后贴到瓶身上。每套气压系统支持两个吸盘。滚筒配备了一个抬升装置。上一张标签被抬升起来后,下一张自动补位，所以每隔 1.25 小时工人需要分别从"A"和"G"滚筒开始添装标签一次。出于节约成本的考虑，两天前"C""D""I""J"四个滚筒的气压被降低了 15%。与此同时，新标签也即将被试用。上午 11 点，一批新标签运到了 2 号生产线，等待下一次添装。此项工序之后，瓶子会经过检查站，由工人做装箱前的最后检查。随后一个装箱装置以 24 只瓶子为一组进行自动装箱。由于两条生产线相临，因此采用完全一样的清洁剂，并共用一个装瓶站和胶水罐。各条生产线的速度可以调整。一周前因为销售旺季来临，1 号线的速度增加到 130 箱 / 小时，而 2 号线的速度增加到 115 箱 / 小时。

两线各配备 10 名工人、1 名机械师和 1 名电工，实行三班制。早班从上午 8:00 到下午 4:00，午餐休息 30 分钟。三周前，一批新工人上岗以应付旺季生产，上岗前均由资深员工进行过培训。

一周前，1 号线质检员发现标签下周期性地出现气泡。他向车间主任汇报了此事。主任准备今天下午 1:00 召开会议找出问题的根源。

车间主任：

我刚从质检报告上发现昨天又出现了质检不合格。去年也出现过气泡的问题。我们可以用去年 11 月的办法解决现在的问题吗？

质检员：

去年强制使用外科胶手套的规定出台后，几周内问题就消失了。但现在新来的工人好像不识字。

车间主任：

你的意思是？

质检员：

有工人向我报告说好像新来的人从不戴手套。有人告诉过他们要戴手套吗？

2号线主管：

我吸取了去年的教训，因此这项规定在我那条线是强制执行的，绝无例外。

1号线主管：

别太快下结论。毕竟只有9%的产品受到影响，问题也许和手套有关，但我想应该检查一下胶水罐。10天前开始使用的新胶水为降低成本改变了黏稠度，但有可能因此导致产品不合格而适得其反。

我不知道是否有人检查过，但我觉得它太稀了。哪怕是通风状况的细微变化也有可能影响它的功效。质检的同事有没有检查过它的持久性呢？

质检员：

我虽然没有亲自检查过，但好像也没有收到任何关于胶水有问题的报告。不过这个假设挺有道理，它解释了为什么气泡的位置和数量没有规律的问题。

（电话铃响，车间主任去接电话）

车间主任（打完电话回来）：

2号线也有问题了。从午饭到现在大约有1/6的标签因为偏右约2厘米而不合格。情况真是糟透了。

看来我们需要一次彻底检查了。小刘，你去查查胶水和喷胶装置。小温，你去看看手套的事。小石，你去查气压系统，还有削减成本实验可能造成的影响。下午晚一点我们再碰头，好吗？

看起来非常复杂的问题情境，利用以下表格便能清晰快速地梳理出可能存在的问题原因。

关键性思维

第五章　当面对"危机四伏"的计划情境

◣ "计划"因风险而生

每天一早睁开眼，就有许多事情等着我们去做。有些事情简单或重复，无须做计划，例如每天买菜或接送孩子；为今天过生日的某位同事买一束鲜花送祝福。但有些事情复杂且多变，需要做好计划。例如，

- 为孩子制订海外留学计划；
- 装修新房子；
- 明年五月前搬迁新厂房；
- 准备接待某重要客户的来访；
- 筹备年度客户答谢会。

当我们面对以上类似的事情时，大部分人会用笔纸或电子产品把实施步骤或重要事项记下来，而不会只停留在脑海里。为什么？因为这些事情不像每天去买菜那么简单而无风险。这些重要且复杂，被记录下来将要去做的需要综合统筹安排的事情我们才称之为"计划"。

为什么需要制订计划？有人说，

- 睡个安稳觉；
- 职责所在；
- 已做出的决定，必须执行；
- 减少失误，提升工作效率。

无论是出于什么原因，做计划的根本目的在于确保顺利获得期望的结果。而结果的达成会受各种因素的影响，我们把所有这些因素统称为"风险"。如图 5-1 所示：

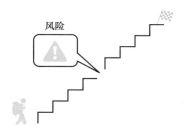

图 5-1　意想不到的风险

可见，越有风险的事情越要重视计划，而那些风险不大的事情，计划的价值并不明显。

古人云，"未雨绸缪""防患于未然"。然而，令人遗憾的是，大家都忙于救火，并没有时间去防范！不良思维的恶性循环如图 5-2 所示。

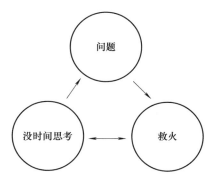

图 5-2　不良思维的恶性循环

另外，在制订计划的过程中，不少人容易有以下的思维误区。

- 成功没有被清楚定义；
- "关键步骤"不够深思熟虑；
- 混淆"防范"和"补救"措施的含义。

通常，大部分人会花较多笔墨罗列计划执行的步骤，但对达成的结果以及计划成功的定义却语焉不详。因为没有对成功结果的清晰定义，故而在罗列实施步骤的过程中，采用撒胡椒面的方式，没有主次之分，从而导致忽视或未能识别关键的成功步骤。

同样，计划也有复杂和紧急程度的不同，故而我们提供了计划情境的"全流程"和"简化流程"两种方法。

"计划情境"分析思维流程

"计划情境"思维全流程

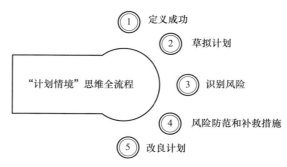

图 5-3 "计划情境"思维全流程

第一步：定义成功

大部分人这样陈述一个计划："12 月 24 日成功举办公司年会"，但这样的陈述并没有清晰表达年会怎样才算成功举办。

让我们来看看曾经参加过我们"关键性思维"训练的学员吴经理的一个故事。吴经理是某涂料公司行政部经理，他所在的公司是行业领头羊企业。有一天他接到来自老板的一封非常重要的任务邮件。

发邮件人：张华（总经理）

收邮件人：行政部吴经理

事件：全国第一届家装油漆工技能大赛总决赛活动

吴经理：

你好！正如你所知，由我公司发起并主办的"全国第一届家装油漆工技能大赛总决赛"将于 5 月 1 日在上海举办。届时将有全国的大客户、供应商、相关行业专家、政府机构等代表参加。公司举办此次活动的目的是树立我公司在涂料行业的权威性和影响力，增强客户黏性，提升品牌信任度。总决赛后，当天有盛大晚宴，主要邀请重要客户参加，晚宴上会举办客户签约仪式。

此次活动是我公司近几年来最为重要的市场活动，具有重大的战略意义。所以，我特别委任你作为当天活动所有行政后勤保障工作的负责人。今年公司几场活动你干得不错，相信这次你不会让我失望的。

老板交代事情往往如此，只告诉你什么事情及其重用性，但未必能清晰告诉你他想要的结果，特别是通过信函邮件等文字方式的沟通。如果你不和他事前澄清"成功"的定义，事后他往往会凭感觉来判定计划的成功与否。

吴经理回想之前几个成功实施的计划，是因为他提前明确了计划成功结果的定义。接到老板的邮件后，他不是马上罗列实施的步骤，而是一直在思考这个计划取得"怎样的结果才算是成功的"。这类全国性的活动是吴经理第一次接手，他不仅需要和老板沟通，还要找参与该活动的相关重要同事沟通，以防错过一些重要的信息和经验。在和老板沟通前，他自己列了几项成功目标，以防老板反问他，"那你是如何定义成功的"——老板经常采用这种方式反问以激发我们思考！

大部分人对计划的成功定义只停留在"顺利完成"，即"无惊无险"或"按时按量"。而优秀的管理者敢于超越常规，会思考"能做些什么事"促进本次活动最高目标的实现，例如"确保客户签单""确保活动得到各大媒体的正面报道"、"让更多的油漆工喜欢我们的产品"等。

在与他人澄清计划的成功定义时，可以通过两个维度归纳，即对方"不想看到的结果"以及对方"期望看到的结果"，其中前者尤为重要，"不想看到的结果"是底线，也是计划成功的基础；"期望看到的结果"需要我们打破常规，抓住隐匿的机会，有时我们会听到老板惋惜地讲："我们要早点知道这个机会就好了！"。无论是哪一种的结果，计划成功的定义至少涵盖"不想看到的结果"。在和老板及其他相关同事沟通后，吴经理在他的工作本上记下和同事们达成共识的"成功定义"：

计划：5 月 1 日成功举办全国第一届家装油漆工技能大赛总决赛

成功的定义：

（1）活动的各个环节如期进行，没有卡壳；

（2）不发生安全事件，如火灾、坍塌、打架斗殴等事件；

（3）没有竞争对手恶性搅局；

（4）客户满意，顺利签合同；如果现场有更多客户提出合作意向就更好了；

（5）各大媒体正面报道；

（6）应邀客人如期参加，特别是重要客人；

……

把成功的定义想得越明白，越能制定出"关键的成功步骤"。

第二步：草拟计划

当我们能清晰定义成功，草拟计划就不仅仅是一张"日程式流水账"，而是"成功的关键步骤"。在草拟计划的过程中，通过对以下问题的思考，让每个实施步骤更加妥当。

● 哪些关键步骤能确保 / 促使计划的成功实施？

- 哪个步骤是以前没有经历过的？

- 哪个步骤涉及职能和权力的重叠？

- 哪个步骤的时限紧，影响大？

- 哪个步骤涉及不同领域的专业人员初次合作？

对以上问题深思熟虑后，计划可以按时间顺序列出步骤，包括每个步骤由谁负责，以及何时完成。请注意，责任人不能是一个团体或部门，而应是具体的某个人，如张三或李四。这个人不一定是单独工作的，可能会由其他人或团队为他提供支持。不管如何，责任人是监督进程并确保任务最终完成的综合管理者。你可以使用表 5-1 草拟计划。

第三步：识别风险

"识别风险"这一步非常重要，它是确保计划成功的关键步骤。针对第二步"草拟计划"中的每个步骤，无论是个人还是团队都要回答以下两个问题：

- 该步骤是否是关键步骤？

- 该步骤是否存在风险？

在本书第三章的"决策情境"里也曾提及"风险评估"，决策情境的"风险"和这里的"风险"有什么区别呢？决策分析中的"风险评估"是为了筛选最佳候选方案，而这里的"识别风险"是为了有针对性地制定防范或补救措施。虽然两者的目的不同，但评估和识别的维度是相同的，即从风险发生的"可能性"和"严重性"两方面进行思考分析。可

表 5-1　草拟计划表

计划表				
日期：　　　　　　　　　分析人：				
成功的定义：				
计划步骤	日期	责任人	参与人	是否关键步骤

最终结果：

① 明确最终结果；
② 认定最后一个步骤（例如标志着计划完成的那个行动）；
③ 认定第一个步骤（例如启动整个计划的那个行动）；
④ 既可以从头至尾，也可从尾至头制订计划。

✓ 哪个步骤是以前没有经历过的？
✓ 哪个步骤涉及职能和权力的重叠？
✓ 哪个步骤的时限紧，影响大？
✓ 哪个步骤涉及不同领域的专业人员初次合作？

能性是指风险出现的机会有多大；严重性是指风险一旦出现会造成多大影响。在现实工作中，由于未能从这两个维度出发对风险进行梳理，团队间很容易陷入对风险"高低"以及"有和没有"的争论，因为大家对风险的定义不在同一个频道上。

再来看看吴经理的例子，在他的计划中有这样的目标——"应邀客人如期参加，特别是重要客人；客户成功签订合作协议"。销售部马经理向吴经理提供了一张客人清单，并标明哪些是重要客户，其中包括当天参加协议签订仪式的重要客户。在讨论签订协议的环节时，吴经理向销售部马经理提出："我听老板说晚宴签约的这些客户非常重要，他希望签约仪式上这些客户的CEO必须到场参加，而不仅仅只是派代表参加。如果这几个企业的CEO缺席，只是代表参加，会怎么样？另外，你觉得这几个客户的CEO在什么情况下会突然参加不了呢？"销售部马经理听到这"不吉利"的话感到很不舒服，便马上回应："不可能，我们和这些人沟通确认很多次了，协议条款双方也都提前确认了，谁参加和接送行程也再三确认过了，这些企业的CEO也向我保证一定参加……"吴经理和马经理争论了半天，后来吴经理才发现其实他们俩讨论的关键点不在一个频道上！吴经理思考的是事情万一发生了（CEO不参加）会带来什么后果？有什么方法能防范或补救？而马经理的关注点在于事情发生的"可能性"。这种"鸡同鸭讲"的对话在现实中很常见。有时团队关系就这样被隔阂，自己也被无辜地标上"团结合作不佳"的标签。当时吴经理从争论中抽离出来，回忆起在我们的思维训练课上讲的有关"风险"的两种性质——严重性和可能性,便马上意识到两人争论的"卡点"在什么地方。面红耳赤的争论很快就结束了,两人也很快就风险的识别达成共识。

当把风险发生的"可能性"和"严重性"区分清楚后,接下来就是为它们进行打分排序。如何对这两个变量做综合评估并排序呢?详读以下方法。

你和你的团队给罗列出来的风险的"可能性"打分,可能性最高是"5分",最低是"0分"。"严重性"也采用同样的方法打分。然后,把"可能性"和"严重性"各自的得分相乘得出的数字,就是风险的综合得分。表5-2是某学员制作的新办公室装修风险识别表,可供参考。

表5-2　计划情境案例－识别风险

计划:2021年6月1日前完成新办公室装修

风　　险	可　能　性	严　重　性	风险程度
① 由于疫情原因,办公桌椅生产超时	4	4	16
② 变天,墙面干燥时间延长	3	4	12
③ 插座位置和数量不合理	2	5	10
……			

为了让风险评估结果更加一目了然,你和团队可以制作一个"风险识别图"(图5-4)挂在办公室的墙上,每次在给风险排序的时候,这个图可以帮助团队更加直观地达成共识。此图根据风险的可能性和严重性把风险分为"高中低"三个风险区。

高风险区：风险综合得分 12 ～ 25 的区域。

中风险区：风险综合得分 6 ～ 10 的区域。

低风险区：风险综合得分 0 ～ 5 分区域。

把以上"2021 年 6 月 1 日前完成新办公室装修"计划存在的三个潜在风险所得分数——摆入图 5-4 的"风险识别图"中，结果便一目了然了。

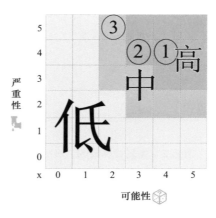

图 5-4　风险识别图

风险评估的真正难点在于如何准确和充分地预见可能的风险，并对其可能性和严重性做出量化衡量。解决这个问题，你需要具备充分的专业知识和经验，或者说你需要对这个计划了如指掌。否则，最好去请教比你更有经验的人，以查漏补缺。

第四步：风险防范和补救措施

很多人都懂得"防范胜于补救"的道理，但究竟哪些事属于"防范措施"？哪些事属于"补救措施"呢？在我的一次工作坊活动中有位学员叫马克，他是一家工厂的安全负责人。当我问马克他们工厂采取了哪些措施防火时，他自豪地说："我们做了充足的防范措施。工厂每个关键角落都摆有灭火器，墙面也贴有明显的'禁止明火'的标识。而且，我们还经常请消防员给员工讲授救火技巧，并且定期进行消防演习。另外，公司也购买了足额的保险……"

- 灭火器

- 防火标识

- 消防演习

- 保险

当我问马克以上的这些措施哪些属于"防范措施"，哪些属于"补救措施"时，他毫不犹豫地回答："都是防范措施，它们都是我在事前做的事情。"这时，现场其他学员开始发出不同声音：有人认为"灭火器"不是防范措施，是补救措施；有人认为只有"防火标识"是防范措施……现场的学员开始争论起来。看来，大家对"防范措施"和"补救措施"的定义和理解存在很大差异！你又是怎么认为的呢？

大部分人的习惯性思维是把事前做的事情称为"防范措施"，而把事后做的事情列为"补救措施"。这种不合理的界定其实没有真正体现"防范胜于补救"的道理。这也造成我们经常处于疲于"救火"的状态。让我们重新定义这两个概念（图5-5）：

- 防范措施：尽量阻止风险发生的举措。
- 补救措施：尽量减轻风险发生后带来的后果的举措。

防范措施
· 预见可能发生的问题
· 针对问题的可能原因

补救措施
· 不能阻止问题发生
· 尽量减轻问题带来的后果

图 5-5 防范和补救措施定义

当我重新界定了"防范"和"补救"的定义后，现场很多学员恍然大悟，原来他们之前所做的很多事情大部分都是在补救，而不是防范。例如马克采取的四种措施中只有在墙面上贴"禁止明火"标识才是真正的防范措施；其他都是补救措施，因为"灭火器、消防演习、保险"都不能阻止火灾的发生，只能降低火灾发生后的损失。

计划成功实现的理想状态是没有风险发生，显然，这只是一种理想。在现实中，"防范措施"比"补救措施"更加有效，付出的代价更少，我们要尽量采用"防范措施"。当然，一般情况下，针对同一个风险，我们要同时考虑防范和补救两种措施。那么，是否有些风险无法采用防范措施，也无法采用补救措施？答案是肯定的，任何规律都有可能碰到一些特殊情况。有些风险是无法防范的或者防范措施难以奏效。在两种情况下可以放弃防范措施：一种是造成风险的原因很复杂，或者根据我们当前的能力无法杜绝原因的发生，例如不可抗力的自然灾害——疫情、地震、台风等；另一种情况是采用防范措施的代价远大于补救措施，这里的代价包括时间、金钱、人力物力等成本。这两种情况下，我们应该考虑放弃防范措施，而重点思考如何补救。类似地，是否有些"补救措施"也是无效的？例如某些恶性事故，一旦有人失去生命，无论怎样都是难以补救的。

对"防范"和"补救"这两种措施有了正确的定义和理解后，我们可以根据从第三步测算出来的风险系数制定相应的"防范"和"补救"措施。以上述的"2021年6月1日前完成新办公室装修"为例看看采用"防范"和"补救"措施之后风险的剩余程度（表5-3）。

有时，我们为预防潜在风险尽了最大努力但仍没有奏效，或在极少数情况下根本不可能采取预防措施。此时，我们需要启动补救措施，尽量减少潜在风险发生后造成的负面影响。尽管"反应迅速"的能力可能被视为一种资产，但这并不是不提前制定应急行动方案的借口。那么，什么时候开始启动补救措施？在防范措施和补救措施中间，我们需要设计一个信号——启动信号（图5-6）。例如，在禁止吸烟标志和灭火器之间我们有一个启动信号就是火警的铃声。当我们一旦听到火警铃声的时候，它意味着防范措施从这一刻开始就失效了，而补救措施从这一刻开始启用。

表 5-3 计划情境案例—防范补救

计划：2021 年 6 月 1 日前完成新办公室装修

风险	可能性	严重性	风险程度	防范措施	补救措施	剩余可能性	剩余严重性	剩余风险程度
① 由于疫情原因，办公桌椅生产超时	4	4	16	• 增加不同区域的供应商（2～3家） • 每周跟进一次进展	• 保留旧办公室的座椅 • 员工在家办公的准备	3	2	6
② 变天，墙面干燥时间延长	3	4	12	• 采用速干防潮涂料 • 天气湿度小的时段加快施工进度	• 购买抽湿烘干设备	3	3	9
③ 插座位置和数量不合理	2	5	10	• 设计阶段尽量多留插座位	• 走明线（线盒）	1	4	4

图 5-6　启动信号

　　启动信号是一种预警机制。我们要预先定义风险特征，例如异常交易行为、异常温度等，并建立监控机制，及时识别风险启动信号并快速响应。

第五步：改良计划

　　"计划情境"思维全流程的最后一步是根据识别出来的风险以及制定的最佳预防措施和补救措施来对原有计划进行调整。改良后的计划实施起来要比原始计划的成功概率更高，将风险降低到可接受水平。

"计划情境"思维简化流程

　　有些计划的实施留给我们的时间非常急迫，或者我们遇到的是熟悉的情境，但依然存在风险。怎么办呢？我们可以尝试采用"简化流程"。以下情形可以采用"简化流程"。

- 时间紧：突发情况或事态紧急；
- 老计划：曾多次做过的计划；
- 简单计划：步骤较少，潜在风险低。

面对以上的情形，我们只需要回答以下几个问题，便可把控仓促的局面，做出可行的计划：

- 有可能出现什么风险？
- 原因可能是什么？
- 可采取什么防范措施？
- 风险一旦发生，有什么补救措施？

本章小结

很多时候"计划"是决策实施、问题解决和创意实践的最后一公里。计划为"风险"而生，这是本章的核心理念。管理者想真正地降低计划的实施阻力，关键不是把注意力放在罗列执行步骤上，而是在以下两大关键性环节多花心思：

（1）定义成功：对行动结果勾画出一个清晰的画面，将目标变得可预见，这将有助于制定有效的实施步骤。

（2）结束对"防范措施"和"补救措施"的错误定义：把注意力放在真正的"防范措施"上，而不是"事前所做的事"。一般情况下，防范措施所需成本比今后解决问题所花费成本低得多。

事实上，计划做好了，"问题"就减少了。

第六章 当面对"绞尽脑汁"需要发挥创意的情境

拥抱变化——创新的勇气和技能

当今商业世界一个非常严峻的现实是：如果组织停滞不前，最终将失去立足之地。换言之，仅仅维护现状是远远不够的。彼得·德鲁克曾说："每一个组织的核心能力可以是不同的，但是每个组织，不仅仅是企业，都需要一个核心能力——创新。"

旧的地图找不到新的风景。为什么当今许多企业喜欢把"创新"打造成自己的核心能力呢？因为"易变"已成为世界常态。面对变化，有四种选择：有人选择逃避或恐慌；有人会被迫选择改变；有些人没等变化来临，已采取应对措施；还有些人，主动制造变化，让别人跟随。在这个世界上，总有人在引领变化，有人跟随变化，还有人在变化中被淹没。无论采用怎样的态度面对变化，变化都在那里，只增不减。

或许你会说："谁不想成为引领变化的人，但在此之前至少先成为善于应对变化的人。"这是每个企业和职场人士的理想目标。但是，有些人会在后面再加另一句话："如果创新失败了怎么办？"很多人不敢创新是因为害怕失败，还有些人是因为不知道从何下手。

培养创新的勇气需要先树立一个信念：相信机会蕴藏在变化中！哪怕这个"变化"是威胁。

有些人会说,"创新"是右脑发达者的专利,"创新"需要天赋。全球著名创新研究专家、哈佛大学教授、麦肯锡奖得主克莱顿·克里斯坦森和他的团队在进行创新者特质的研究中发现:创新并非右脑发达者的专利,有以下五个行为技能是所有人可以通过后天不断修炼习得的。这五个行为技能一旦成为你的习惯,便会自然而然地提升你的创新勇气。

创新技能一:交际

我们可以通过广泛的人际关系网络跨界学习。特别是有着和自己截然不同的背景和观点的人,更要去靠近他们。不仅仅为了社交目的或寻求支援而交际,而是积极地通过和观念迥异或地位有差别的人交谈寻找新的想法。乔布斯曾经和一个名叫凯的普通员工交谈,他从凯口中得知在加州有一家小型计算机处理公司名叫工业光魔,这家公司干了许多疯狂的事,这引起了乔布斯的注意。工业光魔曾为乔治·卢卡斯(《星球大战》导演)的电影制作过特效,乔布斯非常欣赏该公司的处理技术,后来以 1000 万美元收购了工业光魔公司,而后把它更名为皮克斯。皮克斯成功上市后,市值高达十亿美元。2006 年,乔布斯把皮克斯公司以 74 亿美元卖给迪士尼公司。如果乔布斯当年没有和凯聊天,也许他就没机会收购工业光魔公司,这个世界也就不会有那些精彩的动画电影了。

关键性思维
穿越不确定性的7个情境思维锦囊

创新技能二：提问

提问是保持好奇心的保鲜剂，是避免想当然、墨守成规的防腐剂。爱因斯坦曾说："提出一个问题往往比解决一个问题更为重要，因为解决问题也许只需技能而已，而提出新的问题、新的可能性，从新的角度去看旧的问题却需要创造性的想象力……"比如乔布斯一直在思考："为什么计算机一定要装散热风扇？"这个问题激发他开发出平板电脑。什么样的关键性提问能激发人们发挥创意呢？本章的"生成创意——灵感导火线"部分有详细的介绍。

创新技能三：观察

在日常工作和生活中要积极观察身边发生的一切，无论它们是成功的，还是失败的。我们不仅要观察事物表面，也要思考事物发展的内因。我们对客户需求的把握，不仅要体现出他们显性的需求，还要观察到他们说不出来的隐性的需求。观察可以带来创新机会。乔布斯在施乐帕洛阿尔托研发中心的观察之旅，催生了 Mac 电脑的创新操作系统和鼠标，并且启发了苹果公司用户友好的设计理念。

创新技能四：实践

实践是创新的关键。再精彩的想法，没有实践，也是空中楼阁。只有付诸行动，才能体现理念的价值。只有实践了，

128

我们才能收获新经验和更多创新灵感。爱迪生在试验灯丝的过程中说:"我没有失败,只是发现了一千种行不通的方法而已。"

创新技能五:联系

联系也叫"联系性思维",它是指大脑尝试整合并理解各种新颖的所闻所见。这个过程能帮助我们将看到的、看似不相关的问题、现象或想法联系起来,从而发现新的方向。文艺复兴早期的意大利,美第奇家族将众多领域的创造者集结在佛罗伦萨,从而产生了一次创造力大爆炸。当时的雕塑家、科学家、诗人、哲学家、画家和建筑家共处一地,这些不同领域的杰出人物在思维交叉之后爆发了惊人的创造力,继而促成了文艺复兴的盛景,成就了史上最有创造力的时代之一。许多商业模式的创新、管理的创新、运营的创新,本质上都是联系性思维的运用。比如滴滴打车,其实就是出租车和移动互联网结合的产物。简言之,创新就是把不同的事物联系起来!

利用变化——发现创新机会

"危中藏机"——历来许多励志的企业故事都证明了这一点。1998年亚洲爆发金融危机,而中国的腾讯公司就在这一年诞生了。2008年的全球金融危机，法国的欧莱雅公司在这一年销售额逆市增长5.3%；日本的优衣库也在这一年爆发，催生出了新晋日本首富——柳井正。在新冠病毒大流行期间，Zoom、腾讯会议等视频会议软件实现了井喷式增长。

2021年，全国教育培训机构整改。作为教培机构领头羊的新东方集团决定全面停止K-9学科课后辅导业务。这一年，新东方市值下跌90%，营收减少80%。但是，一直奉"从绝望中寻找希望"为信条的新东方集团却开辟了新的"游戏"——东方甄选，一个与众不同的带货直播间。新东方的老师们摇身一变成为带货主播，一边卖货，一边讲课。卖牛排学英语，卖桃子学《诗经》，卖大虾学地理，双语主播，文学情怀，童年记忆……在直播带货还在野蛮生长的时代，东方甄选直播间带给人别样的感觉。经过约半年的努力，东方甄选直播间话题不断，接连冲上热搜，从2022年6月9日突破100万粉丝到6月21日突破1800万粉丝，13天内日均涨粉130万，日均GMV（成交总额）达到1500万至2000万元，稳稳站在直播领域"顶流"的位置上。

在危机里突破重围的企业或个人的成功故事不胜枚举，可以说，变化是创新的最佳时机。然而在数字化时代，变化无处不在，在凌乱无章的"变化"信息里，哪些"变化"是值得关注和利用的？聪明的创新者善于发现带来新机会的重要"变化"，并把这些新点子应用于新产品开发、新市场开拓或管理的改进上。

全球关键性思维训练领导者 DPI 公司创始人米歇尔·罗伯特（Michel Robert）在彼得·德鲁克的《创新与创业》（*Innovation and Entrepreneurship*）一书的理论基础上，经过和上千家企业的共同实践，总结提炼了以下十个特定的"变化"领域，可以帮助我们找到有价值的创新机会。我们把这套工具称为"10 个创新的源泉"（图 6-1）。

图 6-1　10 个创新的源泉

（1）意外的成功

每个组织都曾有过超越其他组织取得成功的梦想。但是，很多公司取得意外的成功时，只停留在意外成功带来的喜悦中。甚至有些经理人利用这些意外的业绩邀功晋级，也有可能老板会因为意外取得的业绩给经理人来年的指标加码。遗憾的是，有些经理人在第二年的表现并没有想象得那么好。当你不知道意外成功背后的原因时，就无法复制成功，从而使之不可持续。这个意外成功就是本书第四章中提到的"问题正偏差"的现象。还有些人认为意外成功是暂时的反常现象，认为很快就会恢复正常。持这种观点的人也将在未来错失许多机会。

20世纪90年代，卡特彼勒因受日本小松企业的竞争挤压，其销售业绩呈现螺旋式下滑，然而它的产品——D-9推土机却突然变得畅销。《财富》杂志注意到这一反常现象后，向该部门销售经理寻求解释。该经理解释道："这只是暂时的反常。不出几个月，一切都会恢复正常。"毫无疑问，该经理后来被解雇，一位紧紧抓住机遇的经理顺势而上，顶替了他的位置。这位新经理经过分析获知意外成功的原因后，推出一系列新产品，使卡特彼勒重新占领了市场。

当你面对意外的成功时，最该问的问题是："是什么导致了成功？成功的原因对我们有什么启发？如何强化成功的原因？我们如何能把这个成功推广到其他事情上？……"然而，只有少数公司能做到把意外的成功视为创新的机会，以获取进一步成功。这里补充一下，如何寻找成功的原因，本书的第四章已有阐述。

（2）意外的失败

每个组织或许都经历过意想不到的惨痛失败。在这种情况下，大多数人倾向在职业生涯的剩余时间里为失败辩护。相反，他们应该反思的是："是什么原因导致了这次失败？我们如何才能在下次把它变成一个机会？"

面对意外的失败，有两个方面可以利用。一是针对失败的"原因"去寻找创新机会。例如，1957年，福特公司推出了一款有史以来最糟糕的新产品——埃兹尔。由于销量不佳，两年后便匆匆停产。这家汽车制造商从这次失败中吸取了教训，全面总结了埃兹尔在设计、性能、营销等方面的缺陷，短短几年后，就推出了迄今为止最成功的车型之一——野马。直到今天，野马汽车仍在生产销售中。

二是利用"失败的结果"进行创新。例如，3M公司的报事贴就源于一次失败的胶水实验。李锦记的创始人李锦裳先生有一次煮蚝豉时忘了关火，结果烧成一锅黏稠汁，当李先生想倒掉时这锅糟糕的稠汁时，一股特别的香味扑面而来，他和其他人一起尝了尝这烧焦的稠汁，发现味道鲜美，或许可以制作成美味的调味品，这便是世界上第一锅蚝油。李锦裳先生从此开启了蚝油庄生意。虽然并非所有的失败结果都可以利用，但不要错失一切可利用的创新机会。

在全球斩获超过4.68亿美元票房的《乐高大电影》，居然无缘2014年奥斯卡最佳动画电影提名。这无疑对乐高公司来说是意外的失败。但乐高公司把这一挫折转化成与全球观众实时互动的机会。在颁奖典礼晚会上，当奥斯卡奖提名的主题曲响起时，《乐高大电影》的演员在观众席中拿出用金色乐高积木拼成的奥斯卡奖杯，举手庆祝欢呼！乐高公司在推特同步上传实时照片和广告语："奥斯卡现场——一切都很酷。"

（3）意外的外部事件

2013年2月4日，美国橄榄球联盟的年度冠军赛"超级碗"在新奥尔良开赛，这是最令全美热血沸腾的年度赛事，也是收视率最高的电视节目。各路商家不惜砸下重金，在赛事直播期间打出广告推广自家旗舰产品。比赛当天，"超级碗"的电视观众人数突破了1.06亿。然而，无巧不成书，比赛进行到一半，体育场内突然停电！这样的突发事故无疑让主办方尴尬不已。但却为某家反应敏捷的企业提供了一个绝佳的广告时机。停电事故发生后，奥利奥公司立刻以迅雷不及掩耳之势制作了一张海报贴到了推特上，说道："黑暗之中，你仍然可以泡一泡（再吃）。"我们不得不佩服这家饼干公司敏锐的营销嗅觉和反应速度。一个小时内这条推特被转发16000多次，收获了20000多个赞。

有些公司把"意外"列入计划的一部分，专门成立了"即时营销指挥中心"用来在"意外事件"期间快速回应。

面对意外的外部事件，我们该反思的是："我们如何将此事件转换成新机会呢？"

（4）流程缺陷

所有组织都由各种流程或系统组成：如客户服务流程、付款审批流程、销售订单录入系统、生产流程、分销系统、质量审核流程、库存控制系统等。每个流程或系统都或多或少存在以下三方面的缺陷：

- 瓶颈
- 薄弱环节
- 缺失的地方

如果我们花一点时间来识别和描述组织中的各种流程，然后问自己："这些流程存在哪些瓶颈、薄弱环节或缺失的地方，我们该如何消除它们？"这些问题肯定会引出创新的解决方案，使流程变得更加有效。

新加坡以其高效率而闻名于世，尤其是政府机构的高效。特别值得一提的是新加坡会计与企业管理局（ACRA），ACRA 提供的企业注册业务服务是全球最便捷和高效的，仅仅需要一分钟和一张有效的信用卡！这无疑吸引了更多国外企业来新加坡注册公司。有时候，真正的区别其实源于一些小事。

（5）行业结构性变化

当一个行业的游戏规则突然发生变化时，这些变化通常会给行业带来混乱，这对某些企业来说是威胁，而对另一些

企业来说则意味着机遇。

今天，我们周围的很多行业结构正在发生变化，云计算、物联网、碳排放和污染税等对很多行业带来结构性的变化。显而易见的是，电商让零售业发生结构性变化；共享单车的出现，改变了自行车生产商的客户结构；社交媒体改变了广告行业的格局，使众多企业不得不重新考虑他们的广告投放策略。

我曾为一家传统厨卫制造商开展创新工作坊。当我让学员们讨论"近一年竞争环境发生什么变化"时，不少人提到在客户招投标会上新出现了一些物联网科技企业参与投标，而不仅仅局限于那些传统的同行，如摩恩、科勒等。这就是可以去创新和改变的机会，或许你会受到启发去改进产品的功能，提升其科技含量，或许你可以把这些没有生产制造实力但拥有物联网技术能力的公司视为供应商或客户。

这时候，我们该反思的是："如何才能将行业中正在发生的这些结构性变化转化为催生新产品、新客户或新市场的机会？"

（6）高增长领域

在寻求创新机遇的 10 个领域中，高速发展的业务领域是最易被忽视的一个。原因之一就是保护企业"现金牛"的冲动总让人觉得相邻领域的高增长不会那么快威胁到自己的领地。

作为传统燃油汽车零配件供应商，你是否关注过新能源汽车产业每年以 20% 的增长速度迅猛发展呢？新能源汽车领域的高增长对你意味着什么？一位传统汽车零配件公司的高管在新能源汽车出现的五年后来找我们咨询做战略转型时，发现想要扭转局势的代价很大。

以上 6 个创新的源泉，来自我们所处产业或服务领域内的变化。接下来的另外 4 个变化，将涉及产业以外大环境的变化。这将要求我们拥有高瞻远瞩的商业洞察力。

（7）技术融合

当两种或更多种技术开始融合时，这种融合势必带来创新机会。在过去的几十年中，我们见证了通信设备和数字技术的融合，尤其给传统的电信行业带来了动荡。但这种结合也催生了前所未见的新领域和新产业。组织应该鼓励开发和利用跨界的新技术融合，从而形成新产品和新服务，而不是只关注本行业内的传统技术。

譬如，未来的汽车产业将与智能化技术紧密结合，其产物智能化驾驶将左右汽车行业的走向。

（8）人口变化

客户的人口统计学特征并不是一成不变的，它会随着时间而变化。因此，我们需要预测未来客户群将发生的人口变化，以提前布局。例如，如果我们仔细观察美国目前的老龄化现象，我们会看到很多机会。这个"白银"产业价值数千亿美元。随着人口的老龄化，以下需求将带来新的机遇，例如：

①财务咨询建议——对来自个人退休账户和其他资金的管理和再投资；

②量身定制的旅游套餐；

③养生保健类产品；

④帮助年轻夫妇照顾年迈父母的养老服务；

⑤老年人专用生活设施。

你需要密切监控和你的用户相关的四个方面的变化：

- 收入水平；
- 年龄层次；
- 教育水平；
- 地理和文化背景。

我们该反思是："在这四个方面中，我们的客户正在或将要发生什么样的变化？我们如何将这些变化转化为新的机会？"

（9）观念转变

客户对你的产品的看法会随着时间而改变。如果能预见到客户对产品看法的改变，你一定能找到机会。

企业家是如何充分利用观念转变的？近几年来，中国年轻消费者对健康饮品的需求日益增长，特别是越来越多的人开始关注饮料的糖分摄入问题。软饮企业元气森林针对这一观念变化审时度势，推出了不含糖的气泡水，从而异军突起，成为现象级的新消费品牌。

在中国改革开放初期的 80 年代，那时的手机叫"大哥大"，从其名字便可看出它在消费者心中的认知地位。它是一种身份和地位的象征。而如今，几乎每人都拥有一部甚至几部智能手机，手机不再是身份的代表，它已成为生活的必需品。手机制造商几乎很少利用"地位"的认知来推销他们的产品。

我们该反思的是："客户对我们产品或服务的认知正在发生怎样的变化？我们如何将这些变化转化为新的机会？"

（10）新知识

新知识是指新发明、新发现的技术、材料等。显然，新知识总是以新产品或新市场的形式为组织带来机遇。新知识往往能带来多元的应用场景。

激光是一个绝佳案例。除了应用于工业、军事、医疗等高科技领域，激光仪器也正在逐步取代木匠和工人的卷尺和水平仪。别以为新知识与你的产品和服务无关，真正的创新者会发现新知识的独特用途，每项用途都可以使其从特定的业务中获益。

如果你是一家以知识和技术为驱动力的企业，时刻关注和你相关的新知识和新技术的动态极为重要。另外，如果自

主研发是你的企业的核心竞争力，建立自己的专利和版权保护机制也是非常重要的。

产生创意——实现机会的创新思维流程

当我们敢于拥抱变化，也抓到了创新的机会点，接下来便是如何实现创新机会。在实现机会的过程中，管理者有时会陷入"绞尽脑汁"未能找到好办法。例如，

- 如何在确保安全的情况下减少客户线上订货的步骤？
- 如何设计一种调味品让职业女性在家就能烹饪出酒楼般的美味佳肴？
- 仅有一套备选方案，难以形成更多更好的备选方案。
- 在问题分析中无法提出有质量的假设。
- 找到问题的原因，但想不出有效的解决方案。
- 针对那些明显不可控制的风险，该如何制定"不一般的"的预防措施？

......

在这些情境下，管理者需要找到一些更新、更有创意的想法。遗憾的是，在发挥创意的过程中经常出现以下障碍：

- 创新主题未能清晰界定；
- 只用头脑风暴想点子；
- 过早否定新点子的可行性；

- 不知道如何筛选点子。

为了克服这些障碍，并将产生的新点子转化为行动，你可以参考以下发挥创意的思维流程（图 6-2）。

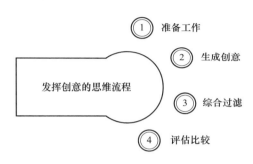

① 准备工作

② 生成创意

发挥创意的思维流程

③ 综合过滤

④ 评估比较

图 6-2　发挥创意的思维流程

第一步：准备工作

你是否曾在短时间内被召集到某个头脑风暴会议上，但整件事情很快就停滞了，因为有些点子刚抬头就被打压；或者即使大家想了一大堆点子，能用上的并不多，因为不同人对创新话题的结果或目标各有想法。这种头脑风暴会议并没有解决创造力不足的问题。在发挥创意之前需要做好以下两方面的准备：

（1）明确创新话题的目标或结果；

（2）营造适合创新的氛围。

在我的创新工作坊中，有不少经理人提出类似以下的话题：

- 如何在上海建造一个客户体验中心？

- 如何激励员工？

- 如何让市场营销活动更加有效？

在带领学员想出新点子之前，我一定会让他们先回答这样一些问题：

- 为什么要做这件事？

- 这件事希望达成什么结果／目标？

- 对结果／目标的描述是否清晰可衡量？

事实上，在产生创意前，无论是团队的创新会议，还是你自己在进行有关创新的思考，都必须先回答以上的这几个问题。

让我们尝试剖析上面的几个创新话题。同样，我们要遵循解决问题的原则——"一次只能降落一架飞机"，也就是说发挥创意的话题不宜太大或太笼统。例如"如何在上海建造一个客户体验中心"的话题，该陈述并没有清晰表达希望达成的结果或目标是什么，也就是对成功没定义。另外，它看起来更像一个计划，建造一个体验中心需要很多步骤才能实现，所以面对这样一个大话题，首先需要把它拆解成具体的可操作的小话题。另外，在描述结果或目标时不宜用定性的词语，例如"高效、有效、激励"等。因为不同人对"高效、有效、激励"的标准和定义不同。对结果的陈述通常要用一些涉及具体动作的字眼，如减少、增加、使……最大、吸引、解决……。

例如"如何减少世博会游客排队时间"的陈述比"如何让世博会排队更高效、更舒适、更快乐"的表达更加清晰明确。你也可以采用以下陈述的"格式"来描述你的创新话题：

如何 + 动词 + 事情

例如：

- 如何吸引更多年轻人购买我们的产品？
- 怎样让 90 后求职者更愿意选择我们的公司？
- 如何让写字楼里的人们在公共洗手间更愿意每次只用一张擦手纸？
- 如何提高非闹市区门店的来访量？
- 如何让顾客更愿意在国内购买奢侈品？
- 如何在现有维修工人手不足的条件下，解决码头高峰作业期间（约 8 个月 / 年）的设备维修需求？

另外，什么氛围适合创新会议呢？很简单，必须制定一个简单的讨论规则：在进入第二步生成创意的环节时，任何人不允许评判任何点子，即不就点子的可行性、好坏、对错等情况进行分析评判。此阶段只遵循"只求数量，不求质量"的原则。正如挖掘钻石一样，需要挖出大量的泥沙才能发现钻石。这个规则适合所有人，无论参与者的职位高低。另外，尽量让参加者保持身心轻松，营造恰当的情感交流氛围，创建温馨轻松的物理空间，例如在会场摆放鲜花、咖啡、茶、草莓蛋糕……这些都能令人放松。

你准备好了吗？让我们进入"生成创意"的空间。

第二步：生成创意

有一种非常常见的激活右脑的方法叫作"头脑风暴"，这个方法是由美国著名的广告人亚历克斯·奥斯本（Alex Osborn）在 1953 年正式提出的。然而这种广泛使用的激活右脑的方法却存在着一个天然的弊端，那就是随着使用时间的不断延长，它在单位时间内产生的创意数量会逐渐减少。例如，给你一个需要想新点子的话题，在第一个十分钟你可能会想到非常多的新点子，但在第二个十分钟、第三个十分钟，往往产生的新点子会越来越少，思维会很快枯竭。对此，有什么办法可以弥补吗？"灵感导火线"可以用来解决这个问题。

"灵感导火线"背后的原理是，通过改变情境，突破思维，消除障碍。点燃灵感的方法有许多，本章重点介绍以下五条灵感导火线，这五条灵感导火线是著名创新"公式"——"如果……会怎样"（What if）的应用场景。它们是：

- 转移目标法
- 转移环境法
- 转换角色法
- 置之死地法
- 构筑梦想法

前三条"灵感导火线"，我们可以统称为"转移法"，它们通过提出与主题相关的"如果"问题来激发突破性思考。即：

- 如果改变"目标"会怎样？
- 如果改变"环境"会怎样？
- 如果改变"角色"会怎样？

某甲级写字楼物业管理公司常为公共洗手间里擦手纸的浪费问题头疼，这不仅是成本问题，还要考虑环保因素。于是，在我的创新工作坊中，他们提出了"如何鼓励人们每次只用一张擦手纸"的创新话题。尽管他们在洗手间张贴了"保护地球，请您一次只用一张擦手纸"的标语，另外还安装了烘干机，但效果并不明显。下面以这个话题为例列举说明三个"转移法"的应用。

❖ 转移目标法

"转移目标法"是指改变你的目标以发现其他新做法。以上话题的目标是节省"擦手纸"，我们可以问这样一个问题：如果节约的不是"擦手纸"，而是其他资源，有什么方法可以借鉴呢？这时，大家就可以发挥想象，把"擦手纸"替换成其他东西。例如，节约用水、节约用电、节约粮食，等等。这时大家就可以"天马行空"地畅谈了。

❖ 转移环境法

转移环境法就是用完全不同的环境替换现实的环境，然后问自己在新的环境中有什么解决方法。当我们从现实的环境当中跳出来进入一个新的环境时，也许会发现环境不同了，对策也可能不一样。原来节约用纸的环境是"本写字楼的公共洗手间"，如果换成其他环境或场所的洗手间会怎样呢？同样，更换什么环境，大家也可以自由畅想。

❖ 转移角色法

转移角色就是改变事件中的主语，例如"号召人们每次只用一张擦手纸"的主语是物业公司，如果主语变成其他角色或部门，会怎样呢？例如，假如我是造纸商、我是市场营销部、我是 CEO、我是国家领导人，等等。大胆地想象超越现状的不同角色，从不同的角色出发可以联想到非同凡响的新点子。

以下是在我的工作坊中，学员就"如何鼓励人们每次只用一张擦手纸"的话题，采用三种转移法创造出来的部分新点子（表 6-1）。

表 6-1　转移法应用示例

转移目标	联想	点子
如何节约用水	• 阶梯收费 • 废水处理	① 从第二张纸开始收费 ② 建立擦手纸回收周转系统，实现循环使用，例如让生产厂家回购废纸等
如何省钱	• 随时知道自己的支付情况	③ 让使用者每抽一张纸能直观看到自己砍树的行为，例如每抽一张纸，旁边的显示屏就显示伐倒了一棵树
如何节约粮食	• 定量配给	④ 写字楼给每个租户定量配给擦手纸
转移环境	联想	点子
火车站	• 旅客来去匆匆不愿等	⑤ 增加出纸间隔，让匆忙的人们不愿再等待
沙漠	• 没有水	⑥ 速干洗手液
幼儿园	• 小朋友怕受老师批评	⑦ 设计一种警示器，抽取第二张纸时发出警告提醒：你太浪费纸啦！

（续）

转移角色	联想	点子
客户服务部	• 经常组织租户答谢会	⑧ 举办写字楼洗手间节约用纸竞赛，给优胜租户和个人发礼物
广告公司	• 广而告知	⑨ 不仅在洗手间张贴节约用纸广告，电梯里的显示屏也发布此广告 ⑩ 在写字楼的公共场所做节约用纸宣传
腾讯公司	• 微信	⑪ 抽纸须人脸识别或扫码，统计每人每月或每周用纸量，并让个人知道用纸情况
……		

有趣的是，现场的某些学员把大家创造出来的新点子归纳整理后，交给某科技公司，后来该公司开发出一种叫"人脸识别供纸机"的机器，其省纸率达到70%。该公司不仅把产品卖给了这家物业管理公司，还推广到全国各地的公共洗手间。"人脸识别供纸机"采取了"灵感导火线"创造出来的部分点子。例如：

- 使用者面部识别出纸，可设置出纸间隔时间；
- 供纸机可以设置自动出纸长度；
- 每人在设定时间内只可扫描领取一次擦手纸，等待设定时间过后才可再次领取；
- 如在设定时间内重复领取，系统会语音提示并不再出纸，或可另外扫码付款。

三种"转移法"的核心方法就是让我们超越自己当下所处的环境、所扮演的角色以及目标去想象更多的可能性。

❖ 置之死地法

楚汉战争时，韩信领兵攻打赵国。赵王带领二十万大军在井陉关阻击韩信。然而韩信才有一万多士兵，见此情况后，韩信命令部队在井陉关二十里外的地方安营扎寨。随后，韩信又派两千轻骑潜伏在山上观察敌情，并叮嘱他们，一旦赵军离开大营，就攻占他们的营寨。韩信还让剩下的士兵背靠河水摆开阵列，抵挡赵军的攻击。此时，赵王率领大军向韩信带领的汉军杀来。背靠河水的汉军士兵面对大敌当前，已无退路，只能用尽全力拼死奋战。这时，潜伏的士兵乘虚攻占了赵营。赵军遭到前后夹击，很快被韩信打败。这就是著名成语"背水一战"的故事。"背水一战"形容在没有退路的情况下与敌人决一死战。正所谓，没有退路，就有出路。

"置之死地法"就是故意切断退路，看看面临绝境时能激发出什么新做法。它的原理是假设事情结果比实际情况糟糕得多或已无路可退，此时会采取哪些颠覆性的做法。

1984年之前的奥运会都是由主办国政府花巨资筹备举办，那是一个体现国力的"亏本生意"。但是，1984年洛杉矶奥运会，精明的美国政府却提出"如果政府不花一分钱，如何成功举办奥运会"的大胆想法！政府没钱，谁有钱？显然企业有资金。企业赞助有什么好处——奥运会拥有全世界的观众。于是洛杉矶奥委会发布了奥运会赞助商的招标活动。奥运会和商业赞助的紧密结合成功让洛杉矶奥运会实现了2.25亿美元的赢利。而之后的奥运会乃至其他国际性运动会都会模仿这种商业模式。让我们看看当年的洛杉矶奥委会是怎么赚钱的：

- 游说 ABC、NBC，挑起竞争，转播权卖了 2.8 亿美元；
- 规定正式赞助单位只有 30 家，展开竞标，筹得 3.85 亿美元；
- 火炬传递人人皆可报名，并交钱，共筹得 3000 万美元；
- 该届奥运会最终盈利 2.25 亿美元。

❖ <u>构筑梦想法</u>

和"置之死地法"思路相反的方法是"构筑梦想法"。它的原理是假设事情比预期的结果还要好得多，此时去探索是什么原因促成的。也就是把事情想象得无限好，然后去倒推哪些原因使得事情可以达到这样的效果，以及如何促成这些原因。例如，"如何鼓励人们每次只用一张擦手纸"的话题，构筑梦想法"假设有一天人们不愿（或讨厌）使用擦手纸，会是什么原因"。

"置之死地法"和"构筑梦想法"在本质上都是极限思维法，它要求人们借助对不可能之事的想象，在能力、资源和时间等方面进行最大限度的挑战和突破。以上面几个创新话题为例说明（表 6-2）。

"灵感导火线"让漫无边际的头脑风暴有了结构化的思考方向。除了上述五个方法，还有利用与创新主题无关的词语联想产生创意的"任意选词法"，以及分析实现目标的"阻力"

和"支撑力"以获得新点子的"力量对比法"等其他"灵感导火线",在此不作赘述。事实上,在平时需要发挥创意的时候,并不需要使用所有的"灵感导火线",只要选择其中一两条产生足够的点子则可。

表 6-2　置之死地法和构筑梦想法示例

创 新 话 题	置之死地法	构筑梦想法
• 如何吸引更多年轻人购买我们的产品	如果有一天所有年轻人都不喜欢我们的产品,我们怎么办	如果有一天世界上所有年轻人排队抢购我们的产品,会是什么原因
• 怎样让 90 后求职者更愿意选择我们的公司	如果有一天 90 后求职者都不愿意到我们公司工作,会是什么原因	如果有一天世界上所有年轻人排队等候我们的面试,会是什么原因
• 如何让写字楼里的人们在公共洗手间愿意每次只用一张擦手纸	假如洗手间用纸量比现在呈倍数增长,会是什么原因	假如有一天人们不愿(或讨厌)使用擦手纸,会是什么原因

第三步：综合过滤

第二步生成创意的原则是只求数量不求质量,所以难免有些新点子粗枝大叶或者没有实际意义。因此,我们需要在第三步对所有产生出来的点子进行再加工和整理。

首先,浏览新点子清单并删除所有重复项。

其次,删除那些非法的、不道德的、违背客观条件、在现实当中无法实现的点子。当然,可以对一些无法实现的点子进行适当改进或转换。例如,虽然让英国女王出席产品发布会可能是不现实的,但让一个长相与女王相似的演员或某个有影响力的公众人物出席是有可能的。

最后，将点子进行归纳，同一类点子放在一起，或者在可能的情况下，将点子联系起来，取长补短，搭配组合，从而开发出一些"超级备选点子"。

经过第三步之后，我们会发现很多点子会被淘汰掉，这时剩下的点子应该说是质量较高且比较成熟的新点子。剩下的点子数量最好控制在第二步总点子数的百分之十左右，这样更有利于进行下一步的"评估比较"。

第四步：评估比较

这一步，我们会对幸存下来的点子进行评估和比较，不要忘记，哪怕剩下十个或是二十个点子，我们都需要这么做，因为我们真正需要的是极少量的但最有现实意义的好点子。想象一下从十个选项当中要选出最佳的少数是什么思考情境呢？没错，是"决策情境"，其方法在本书第三章已有介绍。你也可以用快速的筛选方法思考：必备条件和补充条件是什么？潜在风险程度如何？

通过最后一个阶段"评估比较"后，假定你最后决定采用的新点子实施起来较为复杂并且有潜在风险，这时，本书第五章的"计划情境"分析就可以帮助你妥当实施新方案了。

到此，你会发现，本书介绍的问题情境、决策情境、计划情境和创新情境是相互链接且融会贯通的。例如，你在问题情境中找到了问题原因，但找不到有效的解决方案，这时就可以通过创新情境中的方法获得新点子。如果点子太多，不知如何挑选，此时决策情境里的思维流程就可派上用场。当你选好了最佳方案要付诸行动时，计划情境的思维流程便开启了。

▌本章小结

本章介绍了从"想"到"做"的三个创新思维配方，即拥抱变化、利用变化和产生创意。这是由内而外培养我们创新习惯的思维方法。

在"拥抱变化"方面，请谨记无论在工作还是生活当中，不断修炼自己五个创新行为技能——交际、提问、观察、实践、联系。这几个技能是建立创新信心的基础，如一棵树的根。

在"利用变化"方面，几乎所有企业都会受到本章提到的10个变化带来的冲击。大部分组织被这10个变化轰炸时，往往只看到与之相关的威胁，并把时间精力专注在解决由此产生的问题上，而忽视了与之相关的机会。优秀的管理者不仅能有效应对威胁，同时他还能带领组织将这些变化转化为机会。卓越的管理者不会等到这些变化发生后才做出回应，而是提前做出准备，甚至成为变化的发起人。引领变化的管理者必能使其组织在行业中拥有话语权。正如彼得·德鲁克所说："想要资源产生成果，就必须将资源分配给机会，而不是问题。"

"产生创意"的过程就像在制作一个三明治——"目标 - 创造 - 筛选"。它将理性的分析和创新的方法结合了起来。发挥创意时可以天马行空,但目标必须非常明确。在既定的目标或结果的基础上进行创造,然后在新点子的基础上做理性分析筛选,这样的过程反反复复,创新成果便可实现。

作为管理者,无论是你本人还是你带领团队进行创新思考,请禁止说"不"字,并鼓励冒险。这是创新精神的根本。

第七章　当面对"战略不共识"的情境

"战略不共识"是战略天折的致命原因

让我们回顾前面五章（第二章到第六章）内容，这五章阐述了关键性思维如何应用于日常事务执行的五大情境——情境判断、问题情境、决策情境、计划情境和创新情境。这五大情境几乎涵盖了战略执行过程中必定会遇到的所有事务的类型。管理者能否妥当处理这五大情境，将直接影响企业战略目标的实现。

图 7-1 对前面五章内容做了总结。

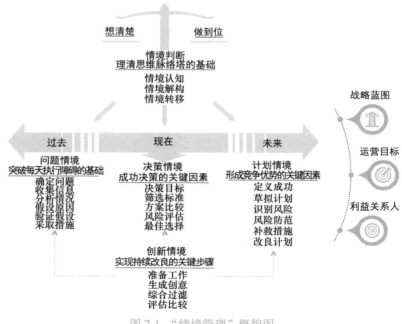

图 7-1 "情境管理"概貌图

如果你足够细心，不难发现这五大情境思维分析流程的第一步有个共同的特点，即对将要分析的情境须先确保方向正确且目标清晰，要和图右侧的组织大局保持相同的方向和密切的关联（图7-2）。

"情境判断"的第一步——"情境认知"　　● 为什么要做这件事？和组织的战略
"决策情境"的第一步——"决策目标"　　　 目标关联是什么？
"问题情境"的第一步——"确定问题"　　● 该事情希望达成的目标结果是什么？
"计划情境"的第一步——"定义成功"　　● 促成该事情结果的关键人是谁？最关
"创新情境"的第一步——"准备工作"　　　 注该事情结果的人是谁？

图7-2　五大情境的共性

在我们举办过的众多工作坊中，无论进入哪个情境的分析，第一步总是让很多管理者陷入困惑，主要原因是他们没能清晰地认知和理解公司的战略。大部分管理者对上图右侧"大局"的了解是缺失的或有限的。造成这种情况的原因主要有三种。

第一种，管理团队不了解战略，那么战略的执行便无从谈起；

第二种，如果了解战略，却还是没有很好地执行，那是因为管理团队中有些成员不理解战略的真正内涵，或战略措施不清晰。

第三种，管理团队知道战略是什么，并且也理解其内涵，但是并不认同高管硬塞给他们的战略目标，有时甚至你会看到有些经理人还会从中阻碍战略的执行。

所以，一个战略能否真正执行到位，必须确保管理团队能做到对战略"了解、理解和认可"三步。简而言之,"战略不共识"是造成战略流产的关键原因。为什么很多企业难以达成战略共识?主要是因为遇到以下的挑战。

挑战一:摸索式的隐形战略

有太多公司的战略是隐形的,只存在于首席执行官的脑海里,大部分的首席执行官都有某种程度的战略思考能力,不过他们通常难以将战略用清晰明了的话语表达给周围的经理人听,从而让经理人替公司做出明智的决定。于是大部分的经理人只好猜测老板的战略意图。这叫作摸索式战略。

还有一种情况是许多组织有战略,并能把战略转化成文字,让管理层知晓。但其管理团队并没有参与该战略形成的过程,也不了解战略制定背后的逻辑,因此经理人只知道是什么,但不知道为什么,对战略没有认同感。所以,有不少经理人每年无论向上级还是对下属谈绩效目标时,都像是赴一场场鸿门宴,彼此忐忑不安,特别是那些直接为绩效数字负责的经理人。

我们曾经对大约三十家企业的一百位经理人进行关于组织战略商数的问题调研(表 7-1),该系列问题的设计目的是探索经理人对组织战略的理解及认可程度——我们称之为"企业战略商数"。对这一百位经理的调研结果如下表所示。下表的右侧栏的百分比数据是指肯定回答的比例。有趣的是,问题 3 及问题 8 的数据和问题 1 及问题 2 的数据相差甚远。这代表什么呢？这表示大部分公司都有上传下达战略的行为，但是，大部分经理人只停留在听到的层面，而只有少部分人能真正理解，若要让大部分人达到"认同"的程度就更难了。

表 7-1　战略商数测评

问　题	回答"是"的人群百分比
1. 贵公司有精心规划且清晰传达的战略吗？	69.23%
2. 贵公司的战略已落实为文字并被记载下来了吗？	69.23%
3. 在贵公司的管理团队中，每位成员能否在不与他人讨论的情形下，以一两句话清晰描述公司的战略？	12.82%
4. 在决定未来发展的产品、客户及市场时，是否以公司战略为最高指导原则？	48.72%
5. 在决定未来"不"发展或"不"追求的产品、客户及市场时，是否以公司战略为最高指导原则？	46.15%
6. 在决定公司资源如何配置运用时，是否以公司战略作为最高指导原则？	53.85%
7. 在评估市场机会时，是否以公司战略作为筛选的标准？	46.15%
8. 你的管理团队是否曾一起讨论公司未来方向并凝聚共识？	33.33%
9. 对于公司的未来，你们之间是否已有共识？	41.03%
10. 对于公司未来想成为"什么样子"以及"如何做到"，是否存在一套战略性思维流程来确定？	53.85%

挑战二：混淆"战略思维"和"运营思维"的区别

当我们询问企业高管和经理人他们公司未来的战略是什么时，有人会说"三年内上市""销售额三年内翻一番"，还有人说"增开 1000 家分店"。为什么要"上市"？为什么是"三年内翻一番"而不是翻两番或只是增长 50%？为什么是"1000家店"而不是500家或2000家呢？这些数字是如何推算出来的？"上市、销售额翻倍、多开店"对企业意味着什么？这些数字能确保公司盈利吗？如果企业非实现这些数字目标不可，那如何确保实现呢？面对这一系列问题，很多CEO或经理人并不能很好地回答。

无论是上市、销售额的增速，还是扩大经营规模，这些只是运营的目标，它们并不是真正意义上的战略。战略决定你"想成为什么样的公司"，而"运营"则决定你"如何成为那样的公司"。这两种思考方向完全不同，它们应该分别管理，不应该纠结在一起。这两者的特征和用途截然不同，可惜大部分公司的管理者对"战略"和"运营"的界定没有区分，甚至企业的最高领导者也是如此。当然，先有战略，再有运营。运营目标的制定是以战略为指导方向的。

所有组织都可以在图7-3所示的战略与运营矩阵里找到自己的位置，并思考如何改变。这个矩阵图在"战略"和"运营"两个方向延伸。处于"QA"象限位置的企业，它们对"战略"和"运营"都非常精通，超越了大部分同行。这类企业往往在其商业领域内拥有话语权或影响力。遗憾的是，在我们过往服务过的众多企业中，大部分企业不是落在"QB"就是在"QC"这两个象限的位置。只有少部分企业处于"QA"象限。而"QD"位置上的企业我们服务得极少，因为它们的生命周期非常短。

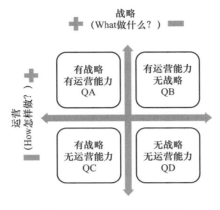

图 7-3 战略与运营矩阵图

挑战三：未就战略制定的目的和意义达成共识

组织为什么需要制定战略？有人说，战略能让所有员工心中有个指南针。没错，这只是战略制定的意义之一，但并非关键的价值。如果企业的战略描述没能让员工"了解、理解、认可"，那么战略同样起不到作用。所以，制定战略的目的并不仅仅是给员工看到所谓的"风向标"，还要让员工从心底认同这个"风向标"。

你的战略是什么？是得过且过？是对过去战略的微调？还是在新的商业沙盘中助力组织达到巅峰？企业没有明确的战略规划，很难在行业中保持竞争优势。

拥有话语权，是长期战略的唯一目标。换言之，公司的目标不是制定常规的战略，使公司能够充分参与竞争，而是制定能影响行业游戏规则的战略。战略的最终目标是在你所在的某个商业领域拥有话语权或提升影响力，而不仅仅只是参与而已。

如果一家公司想要建立超越竞争对手的行业地位，就必须拥有改变游戏规则的思维。然而，在过去的 10 年里，我们得出的结论是，仅仅改变游戏规则是不够的。在数字化时代，我们必须改变游戏本身。只盯着传统的竞争对手是不够的，你需要找到你所在商业领域中潜在的颠覆者。

到目前为止，我们发现了四种改变游戏的策略。

- 改变更多的游戏规则使竞争对手无法做出回应。
- 将竞争对手的独特优势转化为致命劣势。
- 使竞争对手的战略变得多余。
- 改变客户购买的方式。

挑战四：不了解流程与内容的差异

在每个我们主持的战略会议当中永远有两个变量在作用，一个是流程，一个是内容。内容是指所处行业或组织独有的信息和知识。例如，电信公司经理人要非常了解电缆、转换器、交换机、数字设备，等等；制药公司经理人要懂医药以及相关政策，等等。一位地产公司的老板，通常会优先考虑有地产背景的财务总监或人力资源总监作为候选人。因为这些行业内成长起来的职业经理人更清楚"内容"。

为了升到更高职位，大部分经理人通常需要变成"内容专家"。这是必要的，如此可以让他们有能力管理充满内容的日常运营事务。大部分高管都是各自领域的内容专家，例如药物研发专家、销售高手、财务管理专家等。他们因在各自专业领域的突出表现而获得晋升。

但是，制定战略这件事的层级已经超越了原本专业领域的范畴，这时只成为"内容"专家是不够的。事实上，有太多的"内容"专家反而会阻碍战略思考的突破性。因为战略思考是以流程为基础，而非内容。运营方面的管理需要"分析"的技能，而战略思考需要的是"归纳"的技能。

"分析"技能是将学习到的"内容"整理为有逻辑性的量化元素。"归纳"技能是要根据高度主观、有时甚至是模糊或不完整的片段信息做出合理的决策，"归纳"具有"定性研究"的特征。战略思考更依赖后者。这是一种将客观数据和主观见解有效融合的综合能力，它能够激发团队带着批判性思维、逻辑思维、系统性思维等思考方法进行交叉研讨，做出合理的战略性决定。为了达成这个目标，组织需要有一个战略思考流程。这个思考流程就像将士们在上战场前，在指挥室里推演的那个模拟沙盘。战略思考流程能够启动企业的集体智慧，让管理团队组合所有可用信息，以及他们的行业知识经验、看法观点，将事实与想象区隔开来，并区分出相关及无关的信息，最后引领团队达成战略共识。

组织的管理层如何达成战略共识，方能在执行日常事务时确保方向正确呢？以下战略思考的关键思维流程帮助了很多组织。

促进团队达成共识的战略思考关键流程

组织战略轮廓的认知共识

作为经理人，如果你没有参与高层的战略制定，只收到组织内部发给所有管理者通用版的、超过几十页的公司战略书，尽管你花了很长时间认真阅读，但还是无法很好地提炼其中之精髓，也不知道怎么将之与你的工作关联，这时怎么办？你可以用以下四个方面来归纳总结公司战略的"现在"和"未来"的面貌。

我们在与许多企业首席执行官共事的过程中发现，其实他们脑海里都构想过公司的发展蓝图——未来公司会成长为什么样子？多数情况下，公司未来的面貌与今天的面貌应该是大不相同的。战略轮廓的描绘就像画人物像，如果把人的眼睛、耳朵、嘴巴、鼻子画出来，一个人像的轮廓基本就成形了。同样，一个企业的战略轮廓画像也包含四个基本特征——产品、客户、地理市场以及市场区隔。企业的其他特征要么是画像的输入特征，如资本、制造流程、分销系统等，要么是画像的输出特征，如利润、收益和红利等。

然而，战略思考的内涵要更进一步，需要对产品、客户、地理市场和市场区隔进行鉴别，分析它们现在是怎样的，未来将如何，哪一方面应该加强，哪些方面应该减弱，等等。

你可以参考表 7-2 的方法总结归纳你所在企业现在以及未来的战略轮廓特征。

表 7-2　战略轮廓特征

	现　在	未　来
产品 / 服务	贵公司当前大部分产品 / 服务是什么？它们有什么共同的特征？	贵公司产品 / 服务将会发生什么变化？有什么新特征？
客户 / 用户	贵公司当前大部分客户 / 用户是谁？它们有什么共同的特征？	贵公司未来客户 / 用户将会发生什么变化？有什么新的特征？
地理市场	贵公司当前大部分市场在哪些地方？它们有什么特征？	贵公司未来将占领哪些新的地盘？新的地理市场有什么特征？
市场区隔	贵公司当前选择了哪些类型的细分市场？它们有什么特征？	贵公司未来将开拓哪些新类型的市场？它们有什么特征？

战略思考流程

如何决定企业未来的面貌？哪些产品、客户、地理市场和市场区隔该多投入精力，哪些又该减弱或放弃呢？以下战略思考流程能帮助企业在不确定的环境里做出理性的分析和判断。所有企业在往前走时，都要思考回答好以下三个关键性的命题。

（1）哪里取胜？

任何企业都是在它选择的行业沙盘里经营发展，而每个经营领域的兴衰背后都离不开宏观营商环境的影响。所以，战略思考的第一个认知是把握营商趋势，选择适合自己企业的行业沙盘。营商环境是天，行业沙盘是地，即中国文化经常提到的"天时"和"地利"。前者我们很难改变，但可以通过对趋势的洞察，把握机会；后者要靠我们的分析洞见，创造机会。所以，战略思考的第一步是要确定选择哪个战场能让组织赢。也就是要回答"哪里取胜"的命题。而这个命题的答案可以通过以下两方面寻找：

A. 解码未来营商环境，认知外部威胁和机会

你可能会质疑：世界变化莫测，谁能预测未来会是什么样子呢？未来的确庞大而混乱。然而，许多乍一看庞大而复杂的事物，一旦深入分析就会发现，这些事物其实是由数量有限的小变量组合而成的。往往在细微不一的变化中，埋下了巨变的种子。

如果你参加过商学院的课程，可能听说过 PEST 模型，PEST 是 Politics（政治）、Economic（经济）、Society（社会）、Technology（技术）四个英文单词的首字母缩写。PEST 模型是帮助企业检视其外部宏观环境的一种方法。在我们多年服务客户的过程中发现，仅从这四个方面来看未来趋势，无疑颗粒度太大了。宏观世界与微观世界该如何结合呢？在微观世界里生存的企业，需要通过更小的颗粒度来看未来趋势，因此我们对 PEST 模型做了进一步的延展，并形成了 12 个独立又互相作用的要素，最大程度地挖掘和本企业强相关的威

胁和机会。如表 7-3 所示。

表 7-3　影响未来营商环境的 12 个要素

政治（Politics）	经济（Economic）	社会（Society）	技术（Technology）
1. 政治和监管领域	2. 国民经济和货币政策领域 3. 自然资源、人力资源和财政资源	4. 社会和人口变化 5. 市场条件和趋势 6. 竞争对手画像 7. 客户属性和习惯	8. 技术演变 9. 制造能力和流程 10. 产品设计、产品内容、产品特性 11. 销售和营销方式 12. 分销渠道和系统

在探索以上 12 个要素的变化及趋势过程中，重要的意义不在于组织里某位高管怎么看待未来，而在于团队如何碰撞出更多的思维火花，并就如何筛选最为关键的威胁和机会达成共识。在此过程中，通过对未来营商环境 12 个要素的持续探索，管理团队坚定了信心，建立在理性逻辑上的敏锐洞察取代了那些随意的猜测或某个权威看法。

B. 认知行业游戏玩法，挖掘改变游戏规则的机会

上文所描述的是"天时"，是戴着望远镜看未来宏观趋势，寻找外部机会，接下来是寻找"地利"。放下望远镜，看看你企业脚下所在行业沙盘的游戏是怎么玩的。你在这个游戏沙盘中处于哪个位置？有多大的话语权？未来你应该往哪里走？是"改变规则"还是"创造新游戏"？如何解答这些问题，团队可以通过回答以下问题进行反思：

- 当下的行业游戏是怎么玩的？

- 谁是当前行业游戏的参与者？（即整个价值链条有哪些参与者？）
- 哪些实体控制着这个行业沙盘的游戏规则？
- 哪些实体影响着这个行业沙盘的游戏规则？
- 哪些企业受上述实体的摆布？
- 我们该怎么做才能免除它们的控制或影响？

例如，液态奶行业沙盘的参与者有国家监管部门、奶农奶场、奶站、包装/设备加工材料厂、加工企业、经销零售商、顾客、用户等，列举如图 7-4：

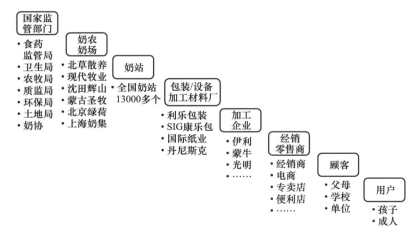

图 7-4　液态奶行业沙盘

然而，2008 年的"三鹿事件"改变了液态奶的游戏玩法和"玩家"。事实表明，其中的游戏参与者——奶站，因其监管的缺失，最终导致了严重的奶制品污染事件。当时，几乎 65% 的奶站并非企业控制，而是私人承包或个人奶站加盟乳企，故而奶源质量没能得到很好的监督把控。事件爆发后，政府监管部门出台了一系列针对奶站的监管措施和规定。从此，"奶站"这个玩家几乎从液态奶的行业沙盘中出局了，有实力的企业纷纷建立自己的牧场基地。整个行业游戏玩法发生了改变。

同样，回答以上系列问题，不在于哪位权威人士的答案，重要的是激发团队智慧的碰撞，而后形成共识。

本步骤对外部环境趋势进行系统且深度的扫描，以明晰未来的战略变量，从而能对各种影响要素做出提前的研判。此过程也是在训练管理者的前瞻思维能力。其实质是团队围绕战略变量共同分析可能产生的"威胁和机会"，这些战略变量将决定组织在未来应对变化及竞争环境时该采取何种措施。

（2）如何取胜？

战略思考流程的第一步"哪里取胜"是朝外远看，展望机会和威胁，以更好地为企业未来的市场选择寻找突破性机会。当我们知道机会在哪里，接下来则需要思考如何成功拿下机会。战略制定的第二步是思考"如何取胜"。"看天，看地"接下来是"看自己"。外部的蛋糕再大再美味，如果我们自身没有能力，则很难抢到蛋糕，或者抢到后吃了消化不良，对身体带来损害。因此，识别自身的优劣势和核心竞争力是"如何取胜"的重要步骤。"如何取胜"可以从以下两方面进行思考。

A. 识别独特和潜在的优劣势，发现内部机会和脆弱点

SWOT 分析是非常流行的分析工具，常被企业用在战略或市场分析上。SWOT 是"优势（Strengths）、劣势（Weaknesses）、机会（Opportunities）、威胁（Threats）"的四个英文单词的缩写。然而，不少企业在使用此工具剖析其自身的优劣势时，常常会陷入以下的困境：

- "你知我知大家都知"的泛泛思考。譬如，良好的品牌、积极的文化、优质的产品、人才短缺、资金不足等要素看上去众所周知，并且和其他企业同质化。
- 凭个人感觉。所找到的优劣势仅凭个人有限的信息和认知做简单判断，缺乏依据。

经验告诉我们，直接讨论企业的优劣势，团队的思路很快就会枯竭，一般不到三十分钟就找不出新的优劣势了。如果对自身的优劣势没能形成正确的认识或有深度的思考，只是停留在概念化或标签化的认知上，则难于将其转化成生产力和内部机会。如果找不到有价值的优劣势怎么办呢？你只需要回答以下三个问题：

- 我们在产品、客户、地理市场、市场区隔等方面曾经获得什么样的成功和失败？
- 造成这些成功和失败的主要因素是什么？
- 通过这些因素你发现组织有哪些优势和劣势？

挖掘企业内部优劣势的过程犹如在做一次解剖。在我们

主持过的战略工作坊中，通过以上三个问题的层层递进，团队很快便能找到丰富的、有依有据的，甚至是意想不到的优势和劣势。当团队喜出望外找出满墙的优劣和劣势时，新的问题又出现了，该如何归纳筛选这些优劣势并加以利用呢？

首先，无论是优势还是劣势都可以分成三类，即：独特优势（或劣势）、相对优势（或劣势）和潜在优势（或劣势）。以"优势"为例，"独特优势"是指五年内你的竞争对手很难赶超你的独特之处，可以说是你五年内的护城河；"相对优势"则是相比竞争对手只是略胜一筹，在三年内很有可能被他人赶超；"潜在优势"是指企业内部获取的荣誉、技术、资源等方面的优势，但尚未转换成生产力的优势。

当我们把优劣势分类之后又如何呢？挖掘内部优势和劣势目的是什么呢？是为了发现内部机会和脆弱点。在"哪里取胜"的步骤中你发现的是外部机会，为什么这里还要挖掘内部机会呢？因为外部机会你能看到，你的竞争对手也可能会发现，但内部机会一旦被发现，可以说百分之百属于你自己，这犹如在自家花园开采到金矿。你可以凭借内部机会充分利用自己的独特优势抢占先机，打造护城河。

我们曾经辅导过一家从事路桥城市基础建设的企业，他们在以上思考流程中发现有一个独特的优势，即公司在沥青路面专业化施工方面较同行具有优势。过去的十年，他们成功获得的订单很多时候是因为他们的沥青质量以及施工技术远超对手，这其中的原因是该公司十多年前从国外引进了国际先进的沥青生产及施工设备。通过发现这个独特的优势，他们想到了一个"内部机会"：即开设沥青砼环保站事业部，拓展沥青砼销售，把竞争对手变成客户。经过几年的实践，该事业部获得喜人的业绩，并成功地独立上市。

另一家从事调味品生产经营的企业，从一个"潜在的优势"发现了一个全新的市场。我们在引导企业思考优劣势时，往往会让学员到他们的荣誉展厅或里程碑走廊转一圈。当时有位学员看到一块闪闪发光的"金牌"，原来是该企业董事长担任烹饪行业协会荣誉主席的证书。有人提出这应该是企业的潜在优势，因为它目前只是一张硬邦邦的证书，还不知如何利用。当我们问学员，同行获得过这样的殊荣吗？他们异口同声自豪地回答，他们是独一家！这的确是一个独特的潜在优势。当我们继续提问：该行业协会主要是什么人聚集的地方？他们说是厨师聚集的地方。话音刚落，马上有人恍然大悟地呼喊起来："有个巨大的潜在市场在等待着我们去开发——餐饮市场！"餐饮市场是指酒楼餐馆等服务行业，厨师们都在酒楼餐馆的厨房上班，每天需要使用大量的调味品，采用哪个品牌的调味品基本是由厨师说了算。调味品传统的销售模式是通过经销商、超市和零售店等渠道，餐饮市场在当时可以说是一块处女地。或许其他同行开拓餐饮市场有困难，但这家企业却拥有先天优势，因为他们的董事长是烹饪行业协会的荣誉主席。

以上两家企业都是通过挖掘优势发现内部机会，从而抢占先机，获得新市场。除此之外，企业还要保持冷静的批判性思维——企业是否存在"脆弱点"？该脆弱点一旦爆发，会使企业猝然暴毙。正如一块钢化玻璃，总会有个点可一敲即碎。企业应该对这种特殊的威胁保持敏感。脆弱点有时往往来自企业的强势方面，例如，一家企业业绩的百分之八十是来自某款产品或某个客户，一旦这个爆款产品出现意外，或者这个客户突然另选"新欢"，这无疑对企业是致命的。那么，这个爆款产品或大客户就是企业的"脆弱点"。

因此，理性全面地评估企业优劣势，是企业取胜的关键。

B. 确定业务驱动力，打造核心竞争力

参加企业的战略性决策会议时，我们观察到，管理层会先层层筛选机会。其中，最后一道筛选机制是看该机会能否让产品、客户和市场与公司的一个关键要素之间达成契合。若找到了这样的契合，公司管理层便会放心地继续推进。若找不到，他们就会放弃。

然而，每家公司寻找的契合点不尽相同。有些公司在同类产品之间寻找，另一些则不关注同类产品中的契合，而更倾向于在客户群中寻找。还有一些公司对同类产品和客户群都不感兴趣，而是对技术的契合更感兴趣，或对销售和营销系统的契合更感兴趣。以下是一些例子：

戴姆勒公司收购克莱斯勒时，戴姆勒寻找的显然是同类产品中的契合。而强生公司并非如此。例如，强生收购露得清面霜和柯达的临床实验室，这二者给强生公司带来了截然不同的产品。事实上，强生公司是从其服务的客户群体中寻找契合——医生、护士、患者和母亲，而这正是强生公司的战略重心。同样，3M公司也另辟蹊径。3M不关心产品是什么以及客户是谁，而关心这个机会所带来的技术是否和高分子化合物技术契合。如果是，那么3M管理层就会大胆地去把握机会。这个"契合"说的就是企业的业务驱动力。

优秀企业非常清楚自身的业务驱动力是什么。但大部分公司并不清楚，因为他们似乎总在机会之间跳来跳去，不知道哪一个机会能充分激活他们的能力，而哪一个机会又仅仅是在浪费资源。

需要思考的是，面对有限的资源和机会，企业该如何抓到最为关键的要素并集中精力打造自身的"业务驱动力"，使之成为核心竞争力呢？在我们合作过的数百家企业中，发现每家企业都有10个基本要素，企业的业务驱动力就隐藏在这十个要素之中。

- 特别产品或服务
- 向特别的客户群或终端用户销售产品或服务
- 特别的地理市场以及市场区隔
- 特别的技术应用到其产品或服务上
- 在产品制造或服务方面特别的生产能力
- 特别的销售或营销方法

- 特别的配送方式
- 或多或少使用的特别的自然资源
- 特别监测自身规模和发展情况
- 特别监测收益或利润

我们需要从两个方面理解以上 10 个要素的作用。第一，每家公司都拥有这 10 个要素才能正常经营，可以说这是企业商业模式构成的十大要素。第二，更重要的是，这十个要素中往往会有一个在公司战略中逐渐占据主导地位。同时，如何利用好这一个要素又决定了管理层如何分配资源或选择机会。换句话说，这十大要素之一就是企业的战略引擎——即公司所谓的 DNA 或核心竞争力。这种驱动力决定了管理层在选择产品、客户、地理市场和市场区隔时判定孰重孰轻。

为了更清楚地解释这一概念，我们把公司看作一个运动着的有机体，并朝着某个方向前进。上述要素之一，就是驱动管理层做出战略决策的引擎。以下是一些典型的例子。

❖ <u>产品驱动型战略</u>

若一家公司的战略是产品驱动型，这意味着这家公司将其战略选择限定在某特定类型产品及其衍生品上。因此，这家公司所有未来产品和当前产品一脉相承，并都由第一种产品衍生而来。换言之，产品的外观、形态和功能会相对保持稳定。例如可口可乐（汽水）、波音（飞机）、米其林（轮胎）和保时捷（跑车）等。

❖ *客户驱动型战略*

倘若一家公司的战略是以用户或客户驱动，这意味着这家公司经过深思熟虑，将其战略定位限定在某一类具体的终端用户或客户群体上。这些终端用户或客户是此类公司唯一的服务对象。这类公司找到用户或客户的共同需求后，生产大量种类不同的产品以回应客户的需要。例如，强生公司（服务于医生、护士、患者和母亲）、美国 Brookdale 养老公司（服务于 70 ～ 80 岁人群）和美国 USAA 保险公司（最初服务于美国军官）、阿里巴巴（服务于中小企业——让天下没有难做的生意）。

❖ *市场驱动型战略*

市场驱动型公司将其战略定位于服务某一类型的市场区隔或某地域的市场。公司在识别出该市场领域中客户的共同需求后，生产大量类型不一的产品以回应领域内客户的需要。例如某些地产公司只做商业地产的开发，有些则只专注住宅市场的经营。商业地产和住宅地产是不同的市场区隔。还有些地产公司只专注在当地（如广州市内及周边）做所有类型的地产项目开发，包括商业、住宅、工业园区等项目。

❖ *技术驱动型战略*

技术驱动型公司将战略重点放在某些核心硬技术上，如芯片制造、药品开发；或者某些软技术，如会计或软件服务。然后公司为这些技术寻找应用场景。一旦找到合适的用途，公司就会有针对性地开发出某类产品，充分利用这种技术。

公司发展这一业务的同时，也会四处寻找该技术的其他应用，然后重复同样的过程进行产品开发。例如杜邦（化学）、3M（高分子化合物）和英特尔（微处理器）都是技术驱动型企业的代表。

❖ 产量或产能驱动型战略

产量驱动型公司往往在生产设备上有持续性的投入。关于这类公司，我们最常听到的关键描述是"让机器不停地运转"——一天三班，一周七天，一年 365 天。产量驱动型战略是使生产设备的生产能力维持在最高水平，例如钢铁公司、冶炼厂和造纸公司。

产能驱动型公司把某种独特的生产能力融入生产过程中，致使竞争对手难以复制。因此，当公司寻找机会时，会主动将业务范围缩小，使这些生产能力得到充分利用。例如，一家 3D 打印企业，要发挥其生产能力，就要做到能打印生产出尽量多品种的产品。

❖ 销售方式驱动型战略

当一家公司采用了特别的营销方式作为战略驱动，就意味着这家公司拥有一套独一无二的销售策略。该公司追寻的所有机会都会充分利用这种销售策略。比如，门到门直销公司（如玫琳凯、安利）、网络直销公司（如戴尔）以及电商销售模式（如亚马逊、京东）。

❖ 配送方式驱动型战略

配送方式驱动型公司采用一种与众不同的方法，将有形或无形的产品从一个地方运送到另一个地方。这类公司通过优化配送方式来获得发展机会。例如沃尔玛、联邦快递、家得宝等企业。

❖ 自然资源驱动型战略

当一家公司的产品成本或生产要素中以自然资源为主体，那这家公司便是自然资源驱动型公司。例如埃克森美孚公司、壳牌石油公司、纽蒙特金矿和英美资源矿业公司。

❖ 规模或增长驱动型战略

规模或增长导向的公司往往是集成了不相关业务而组建的集团公司。这类公司寻求自身规模和市场占有率的提升。

❖ 收益或利润驱动型战略

这类公司把战略重点放在收益或利润上。最佳案例便是20世纪70年代哈罗德·吉宁执掌下的ITT公司。哈罗德·吉宁的名言"任何情况下，每个部门每个季度都要盈利"引领ITT公司进入276个不同的业务领域。这些业务部门被故意分开，当一个部门连续三个季度没有盈利时，这个部门就会在第四季度消失！今天，这样的公司还有泰科、联合信号公司和通用电气等。前通用电气CEO杰克·韦尔奇认为，通用电气18%的资产回报率使其在灯泡、电视网络、金融服务、医疗保健、涡轮机甚至飞机引擎等诸多领域站稳脚跟。

三个关键性战略问题

面对这10个商业要素，企业如何选择某个商业要素作为其业务驱动力呢？我们带领客户通过讨论三个关键性问题来帮助他们找出公司当前和未来的业务驱动力。

问题1：产品、客户和市场中的哪个要素驱动着公司战略，让你们成为今天的样子？

如果会议室里有10个人，你猜我们能得到多少个答案？10个，有时候会更多。原因很简单，每个人对公司背后的业务驱动力都有不同的认知，这些不同的认知可能导致公司未来发展通往不同的方向，因为团队中的每个人都有可能左右公司的重要决策。因此企业在前进的道路上会出现摇摆不定的状态，从而不可避免地浪费了许多资源，以致企业在行业中难以建立绝对的领先优势。

我们采用的方法是鼓励管理者回顾他们做决策的历程，并认清自身的思维模式。通常，他们做出的大部分决策都是为了支持公司业务的某一要素。这样一来，管理团队自然而然就会认识到当前战略背后的驱动力。

问题2：公司的哪一要素应该作为未来战略的业务驱动力？

这个问题更重要，因为它说明了公司的未来战略不应该是对当前战略的延续。任何战略都需要适应环境，而且未来环境可能与当前环境完全不同。这个问题是构想突破性战略的基础，它打破了当前沙盘的假设，并设想了一个新模式，为公司争取未来话语权提供了机会。这样的战略使公司能够在未来的沙盘中重塑或重新定位自己，从而使其比竞争对手拥有更多成长空间。

问题 3：业务驱动力对于公司在选择未来的产品、客户和市场会有什么影响？

公司选择作为其战略引擎的驱动力，将决定管理层未来在产品、客户和市场选择上的侧重点。久而久之，这些选择会塑造公司在行业内外的形象。不同的驱动力将导致管理层做出不同的选择，使得公司未来发生翻天覆地的变化。正如你的DNA 决定你的长相以及性格特征，公司 DNA 也是如此。选择某一要素作为公司战略的 DNA，将最终决定该公司的面貌，以及它与竞争对手的差异化特征。例如，当年 3M 公司如果选择以"产品（胶带）"为业务驱动力，那么今天的它就只是胶带专业生产商。但它最后选择了以"技术"（高分子化合物）为驱动力，这成就了它今天的样貌，3M 公司成为一家以高分子化合物技术为核心的拥有丰富产品线的企业（图 7-5）。

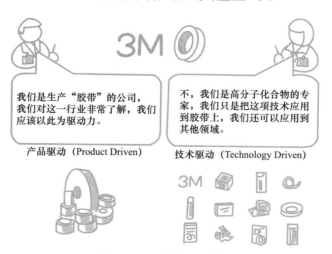

图 7-5　3M 的业务驱动力

对于任何一位成功的首席执行官而言，理解驱动力的概念至关重要。管理层的所有成员都必须认识并理解公司的业务驱动力，这将使公司能够根据其独特且持久的优势制定战略，并在竞争中获得话语权。

当企业选定一个适合自己的业务驱动力，便需要全神贯注持续打造它，使之成为核心竞争力。它是扩大和竞争对手差距的杠杆点，是企业的独门绝技。每一个驱动力都由企业擅长的特定一组能力构成，这些能力组合是这个企业所独有的。管理层将针对这些能力不断投入资源，以建立其独特的优势。

沃尔玛前首席执行官戴维·格拉斯说道："我们的物流设备是我们成功的关键。我们比其他公司做的好的任何地方都是因为它。"为了维持并加强这一核心竞争力，格拉斯担任首席执行官期间投入了十多亿美元，用于建立先进的计算机物流系统。

联邦快递首席执行官弗雷德·史密斯也知道与竞争对手相比，自身的优势所在："我们和竞争对手的主要区别在于，我们更有能力去跟踪、查探并控制系统中的货物。"

虽然沃尔玛和联邦快递属于不同行业，但其实它们都是典型的以配送方式为业务驱动力的企业。

不同的业务驱动类型需要重点培养的能力各有不同，详情如下（表7-4）。

表 7-4   业务驱动类型对应的能力

业务驱动类型	重点培养的组织能力
产品驱动型	产品开发能力、销售和服务能力
客户驱动型	市场调研能力、客户忠诚度培养
市场驱动型	服务某一类型市场的能力
技术驱动型	技术研发及应用能力
产量或产能驱动型	生产效能
销售方式驱动型	独特销售方法的有效性
配送方式驱动型	系统化管理的能力，包括软硬件的智能化程度
自然资源驱动型	勘探及开采能力
规模或增长驱动型	规模最大化及资产管理能力
收益或利润驱动型	投资组合管理及信息系统管理能力

为什么企业只能选择一个驱动力作为战略的 DNA 呢？因为每种驱动力需要培养的组织能力相差甚大，没有哪家公司拥有足够的资源和精力可以均衡地发展所有技能。企业围绕一种业务驱动类型打造出来的组织能力，我们称为核心竞争力。

（3）怎么实施？

拟定可行的战略实施举措是完成战略制定的最后一公里。当我们掌握内外部机会和威胁，也明晰自身的优劣势，并确定了选择哪个业务驱动力作为企业的核心竞争力，接下来团队需要一起描绘企业未来的战略蓝图，这包括企业的战略方向和目标，以及实现它的关键举措。很多企业在此步骤经常遇到的问题是：

- 清晰的战略蓝图应该涵盖哪些要素？（让员工、管理团队易于理解。）
- 如何产生可行的关键举措？（让各部门或个人基于战略蓝图制订行动计划。）

回答以上两个问题，我们给出的答案是：

战略蓝图务必先搭好框架，涵盖关键要素。

很多时候，有些企业喜欢用文字的方式长篇大论地阐述其企业未来的战略，犹如一本"天书"。多年与企业合作的经验告诉我们，如果想实实在在地实施团队绞尽脑汁共创出来的战略蓝图，而不是为了把战略书提交给投资人，或上报给上级集团公司的领导，那么建议用图形描绘加扼要文字描述的方式呈现战略蓝图。战略的成败不在于描述的详尽，而在于把握关键。曾经有位企业高管沮丧地告诉我，他们公司已请外部战略咨询公司制定了战略，但在实施过程中仍阻碍重重，他请我分析该战略是否有什么纰漏。当他拿出一本厚厚的战略书给我看时，我顿时一阵恐慌，瞬间出现阅读困难症。后来，我给这位高管一份战略蓝图的描述框架（图7-6），请他在那本"天书"里挑选相关的信息填入此战略蓝图框架里。他很快用不到十页纸就清晰明了地展示了战略的核心内容，并且他自己很快发现了原来那本战略"天书"有哪些纰漏。例如，战略书里没有提到企业将选择什么业务驱动力作为核心竞争力，没有标识现在和未来在"产品、客户、地理市场、市场区隔"等方面的差异在哪……

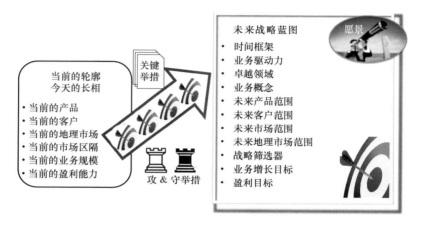

图 7-6 战略蓝图的描述框架

企业可以用任何有趣的图案绘制战略蓝图，但至少涵盖上图的关键要素。这是我们结合多年客户合作经验总结提炼出的最容易被企业员工理解和认可的战略框架图。

制定战略实施的关键举措

战略实施举措是公司从今天走向明天需要跨越的桥梁。这犹如战场，当我们清晰地知道要占领哪个山头，接下来就要排兵布阵，规划路线。团队在思考制定实施举措时，有时会采用简单的头脑风暴方式。这种方法往往会导致举措缺乏依据，并容易遗漏一些关键要素。此步骤制定出来的举措关乎新战略能否成功实现。因此，关键举措不能仅凭经验，随意无凭无据地产生。

在战略制定的第一步和第二步过程中，团队千辛万苦挖出许多关于SWOT（优势、劣势、机会、威胁）的四种宝矿，所有宝矿都需要打磨组合才能成为价值连城的"首饰"。怎样产生有依据的关键举措呢？团队在前面两个步骤所花费的功夫没白费，SWOT分析是产生关键举措的依据。详情参见图7-7。

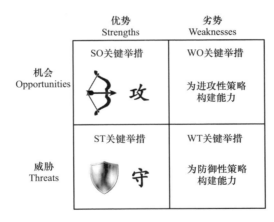

图 7-7　SWOT 战略举措组合图

这四个维度的组合方法如下：

- SO 关键举措：当你的优势遇见机会，需要思考的是"如何发挥优势，掌握机会"，这类情形下的举措称之为进攻性举措。

- ST 关键举措：当你的优势遇见威胁，需要思考的是"如何发挥优势，避免威胁"，这类情形下的举措称之为防御性举措。

- WO 关键举措：当你的劣势遇见机会，需要思考的是"如何克服劣势，获得机会"，为 SO（进攻性）举措构建能力。

- WT 关键举措：当你的劣势遇见威胁，需要思考的是"如何减少劣势，避免威胁"，为 ST（防御性）举措构建能力。

这是一个有趣的组合游戏，我们为客户组织的战略工作坊走到此环节经常会达到高潮，参与讨论的团队成员会处在亢奋的状态，这种亢奋不是因为他们想到天马行空的新点子，而是因为他们所想到的举措是如此有依据，有针对性，可把控。他们发现之前看上去难以跨越的困难，在这里却得到理性的解决方案；或者之前那些看上去"风花雪月"的优势，也有了实实在在的用武之地。有学员曾经这样比喻这个思考过程："我们就像在玩'跑得快'扑克牌游戏，无论手中的牌是大是小，是好是坏，打赢的关键在于能否打出令人措手不及的组合拳！"

我曾经为一家小型综合性的私人医疗门诊机构提供咨询，该机构管理团队通过战略思考流程的第一和第二步梳理出一系列的 SWOT 分析结果，其中有一个优势是相比同规模的私人门诊，该医疗机构的妇科患者数量较多，且在她们中获得很好的口碑。而其中不孕症治疗成功率非常高，且不孕症的患者数量占整个门诊的 60% 以上。恰好，当时国家放宽生育政策，这对该私人门诊来说无疑是一个非常好的外部机会。这便是"优势"遇见"机会"。同时，他们也梳理出机构致命的脆弱点，即不孕业务主要靠某两位资深老中医的医术；还有一个潜在的劣势是该机构西医内科的医疗事故抗风险能力不足。这是"劣势"遇见"威胁"。针对这些机会和威胁，他们想出了相应的举措，例如：吸收这两位老中医成为合伙人，为这两位老中医出版医案经验集，任命他们为科研带头人等系列举措尽量留住两位医生；同时招聘新的妇科专家，补充妇科疾病医治团队力量；启动信息化管理系统，建立医案和处方电子化信息库，以有效传承医术。

有趣的是，该私人门诊管理团队走完一轮我们主持的战略思考流程后，做出了重大战略调整！从一个综合性门诊转变为"中医妇科专科门诊"，专注中医特色治疗。其他与西医相关的科室逐渐取消，因为这些科室在过去五年不是亏本就是勉强保本，还承担着医疗事故风险。一般来说，中医的医疗事故风险明显比西医小。小型私人综合门诊的医疗事故抗风险能力远不如公立医院。经此战略变革后，该门诊从第三年开始患者数量、营业额和利润比原来倍增，并在当地成为小有名气的诊所，有不少患者从周边城市慕名而来，其地理市场在逐渐扩大。

▌本章小结

战略思维是一个组织的首席执行官和管理层所必备的重要技能。数字化时代的员工已不会盲目跟随领导者，除非领导者能够阐明自己的战略方向，并得到员工对战略的支持，否则他将独自前行。在研究管理者的领导力特质时，我们发现有四个特质在所有变革型管理者身上是普遍存在的。

1．有清晰的组织战略目标。

2．有能力将战略目标传达给他人。

3．有能力激励他人朝着战略目标努力。

4．有能力运用"系统"来完成任务。

任何企业都无法让所有员工都参与到战略的研讨中，但企业首席执行官必须创造机会让关键的管理团队参与战略的讨论，并让他们充分发挥自己的智慧和经验。这是成功实施战略的关键。

战略制定的本质就是领导团队必须懂得把握外部机遇、内部能力和企业文化，以及它们之间的联系，并在混沌的环境里出其不意，让竞争对手措手不及。战略思维不仅是一门科学，也是一门艺术。

关键性思维

第八章　管理者的
新角色：
思维教练

数字化时代管理者的新挑战

如果用一个词来形容"数字化时代"的特征，"VUCA"一词恰如其分。

其实，VUCA一词来自军事术语，是volatility（易变性）、uncertainty（不确定性）、complexity（复杂性）、ambiguity（模糊性）的缩写。VUCA的现象并非仅仅发生在军事环境，在商业、政治、教育、科学等领域也同样存在。

世界上任何组织和个体都是运动体，无论它是一个国家、一个行业、一个市场、一个企业，甚至一个家庭或一个人。世界之所以变得越来越复杂多变，是因为伴随数字化出现的各种新技术促进这些个体和组织相互链接，相互作用，并加速了它们的运动速度。不断加速的运动无论发生在个体和个体之间，组织和组织之间，还是组织和个体之间，都导致了环境走向VUCA的局面。在这样的环境下，管理者经常直面以下两个挑战。

挑战一：对团队的把控力下降

Z世代出生在互联网时代，他们是数字时代的原住民。Z世代深度参与社交媒体，并擅长通过网络对某专业领域进行学习。有时我们不得不惊叹他们的学习速度之快，好像没有什么是他们学不会的。当一个人有足够的知识面，他的智商会随之提高。对于管理者来说，拥有聪明能干的下属显然是件好事。但是个性鲜明、自尊心强的 Z 世代员工并不好管理。我们一方面希望通过有效授权，让组织变得敏捷，一方面又担心员工行为不当，酿成大错。所以，管理者将要面对两个命题：

- 怎样授权才能恰到好处？
- 对员工日常工作的干预度如何把控得当？

挑战二：虚拟环境的沟通质量日趋下降

传统的组织架构是以金字塔模型为主，它以稳定、分工明细、集权管理为特点，员工都在一个自循环的环境中工作，这种小环境几乎不受外部环境影响。但是在数字化的今天，环境不断变化。你将逐渐发现，直接向你汇报的成员可能会越来越少，但横向合作的团队会越来越多，虚拟的、临时的、多变的团队合作关系充斥着组织的各个角落。有些企业还实现了开放式办公，办公室的每张桌子不再是固定给某个人使用的，包括 CEO 也没有固定的办公室。你可以随意选择任何一张办公桌，甚至在茶水间的吧台坐下工作。员工今天在广州办公室上班，明天可能就坐在北京某个咖啡厅里，或在上海的家中和你开视频会议。你只需要一台笔记本电脑和智能手机便可以在任何地方随时随地工作。因为几乎所有的文件、流程都可以存储在云端。

流动的办公室，流动的人，随之而来的是，人与人在物理空间里见面的机会少了，无论是和同事，还是和客户，大家都成了"网友"！见面少了，但视频会议增加了；茶水间的非正式沟通机会少了，线上的交流时间加长了。

无论是现实中的临时虚拟合作团队，还是在视频会议里见面的客户，人与人交往所带来的"化学反应"被日益增强的虚拟空间所淹没。故此，我们发现沟通的质量在下降。以前同在一间办公室，彼此一个眼神、一个动作就知道对方的想法和意图，沟通的默契和效果不在话下。如今，我们除了随时调节自己以适应和不同风格的人合作，还要在没有感性认知的情况下，在屏幕里快速捕捉对方的想法。同样，屏幕那头的人也要快速理解你的思想。糟糕的是，我们有时不得不面对卡壳的网速、莫名的噪声等干扰着本来就受限制的表达。

受虚拟沟通环境的各种干扰，部分人为了能快速达成共识，出现另一个现象，即群体思维。在群体思维中，迫于同伴压力，团队思维一般都趋向于所谓的"群体极化（group polarization）"。一些典型的群体思维症状包括：

- 战无不胜的氛围导致过度乐观和激进冒险；
- 压力下的顺从；
- 放弃与团队相反的观点。

《印度时报》曾发表一篇标题为"开会能够降低智商"的

文章。文章称，美国弗吉尼亚理工大学的一项研究表明，过多的会议会导致大脑细胞死亡，削弱独立思考的能力。

可见，在数字化的今天，无论是对团队的把控，还是提升虚拟环境的沟通质量，团队想高质量地达成共识，是何等困难。要克服这些困难，管理者需要做出以下两方面的改变。

- 从"业务管理者"向"流程管理者"转变
- 从"内容专家"向"思维教练"转变

成为思维流程缔造者和管理者

三类管理风格的经理人

很多管理者往往对自己的岗位描述有一个有趣的误解，那就是围绕着他们自认为的"管理"内容而展开工作。但我们发现不同的管理者的"管理"思维差别甚大，大概有以下三类。

（1）管理事情的经理人

你会发现这类经理人对自己的业务非常精通，譬如他们非常擅长销售、成本核算、技术研发等与专业内容相关的领域。这类人是我们在第七章里提到过的"内容专家"。这类经理人的行为特征就是"亲力亲为"，他们的思维特征是认为把控自己比把控他人容易，担心结果和速度，以体现个人业务能力为荣耀。在我们多年咨询服务的经历中，如果某公司销售部每年的业绩超过 70% 的订单都是出自销售部经理之手，这时，我们会提醒这家公司的 CEO，这就是他们公司内部的"脆弱点"，需要引起关注！言下之意，这是一个需要引起注意的重要隐患。这类经理人经常试图不断扩大自己在业务内容领域的个人影响力和掌控力，为此，他们会花大量的时间获得足够多的专业知识和经验。在这类经理人团队中工作的员工，只需要听指令，行动敏捷，无须过多动脑筋也可以生存。常言道：教会徒弟，饿死师傅。

（2）管理人的经理人

这类经理人开始认识到团队个体能力的重要性，也认识到发挥个人主观能动性在组织中的价值和意义。他们管理员工的能力表现，安排员工的工作任务，调整工作量，下达绩效目标，解决冲突，促进团队融合，并且还确保员工在工作中感到快乐和满足。这类经理人更关注人际关系、日程安排和后勤保障。他们会评估员工的思维水平，这时，他们的挑战是，对于自己不熟悉的专业领域，如何提出正确问题以确保员工成功完成任务。

（3）管理流程的经理人

在传统的组织架构中，这类经理人位于组织架构图的顶端。这些高层管理者一般不会从细微处管理员工，如管理员工的行为。他们的职责是选对关键人才，通过好的机制（流程）用好人，所以，高级管理者负责甄选并实施流程、系统和方法，使组织中的人员能够按照组织的要求行事。他们是企业机制的制定者。但是，在数字化的今天，这类经理人不仅局限于组织金字塔上的那几个人，哪怕是一个临时设置的项目经理岗位，也需要具备这样的思维特征。

彼得·圣吉（Peter Senge）在他的《第五项修炼》一书中用一艘远洋客轮的比喻来描述管理者的角色。根据圣吉的说法，大多数企业或某部门的管理者认为他们的工作职责类似于船长。尽管船长的角色通常是最浪漫、最耀眼的，但管理者的这一认知显然是有问题的！船长可能因英勇牺牲而受到尊敬，但没有多少管理者愿意像泰坦尼克号的史密斯船长那样"随船而亡"，也很少有管理者愿意像科斯塔·康科迪亚号（Costa Concordia）⊖的谢蒂尼诺船长那样弃船逃跑。

圣吉的类比进一步表明，对船长角色向往的管理者都忽略了一个叫船舶设计师的角色。如何通过系统、流程、机制让不同领域的人、不同特征的人一起工作，是管理者应该思考的命题。

⊖ 科斯塔·康科迪亚号是一条超级豪华邮轮，2012年1月13日在意大利海岸触礁搁浅。当时该船有4232名乘客，其中至少有32人死亡，包括4名乘客和一名船员。科斯塔·康科迪亚号灾难中船长安全生还。1月15日，船长谢蒂尼诺和大副以疏忽、误杀和在乘客完全疏散前就弃船等罪名被逮捕。

　　管理者不能只是某领域的专家，他们的工作重点是有效整合不同专业和经验，并指引正确的方向。他们应该擅长激发组织中的每个人，包括他自己，以从现实当中获得更具洞察力的见解。这就需要他们培养团队成员拥有关键性思维能力（而不仅是某领域的专家），进而在组织内建立起思维的共同语言。培养关键性思维能力，建立内部思维共同语言是组织免于在虚拟环境里失控和低效沟通的关键。因此，数字化时代的管理者必须是思维流程的缔造者，并通过思维流程管理团队。

有形流程和无形流程

　　从历史上看，"流程"这个词最常用于制造业。它常使人联想到工厂生产线的画面。每个组织的业务几乎都可以分为三个主要部分：

- 购入某些原材料（输入）。
- 将原材料进行转换（流程）。
- 制造出成品（输出）。

　　相信每个人都会同意，以上过程产出的质量和数量取决于将输入转化为成品中间流程的有效性。这类流程我们称为有形流程（详见图8-1）。它们是与采购、生产、财务、招聘、营销、薪酬和资本支出等相关的流程。这些"流程"都是组织中规范员工行为的硬性流程，它们都是基于"事"和"人"有效运作的有形流程。

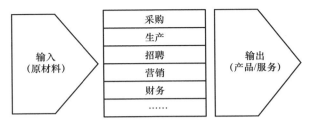

图 8-1　有形流程

　　有些有形流程还可以外包给其他人。但是，企业中一个关键但最不好掌控的流程就是"思维流程"。"思维流程"存在于任何企业，存在于企业所有人的大脑里，但很少被察觉、提炼和利用，我们称其为企业的无形流程。管理层经常会强调说"员工是我们最大的资产"，这只是部分事实。只有"正确"的人才才是最大的资产，而决定"正确人才"的因素归根结底是人的思想以及他们的思维方式。"思维流程"是所有其他有形流程的根源，因为每个有形流程都是要靠人的大脑去设计并执行。

　　无形流程的本质非常微妙，它和有形流程有着同样的输入和输出的过程。在虚拟的管理环境里，当大家对他人的业务都不甚了解，彼此也缺乏工作默契，并且还要受到外部环境变化的影响时，我们应该通过哪些思维流程，确保低"输入"能带来高"输出"呢？

　　很多企业投入大量资金来改善他们的有形流程，相对而言，他们并没有投入任何费用来提炼和改善无形流程。困难在于，我们处理的不是类似于 ERP 软件之类的可见系统，而是产生于人头脑中的一个无形系统。诀窍是将这个看不见又未经编码的软过程转化为可见的、带编码的、有形的工具。一个组织的流程如果是不可见又未经编码的，那就很难将其固化并传递给他人。如果组织想要成功，就必须将这些关键的思维流程进行编码整理，以便将它们传递给更多的员工，并确保它们的持续使用。

本书从第二章至第七章介绍的六项思维流程便是已编码提炼，且被验证行之有效的关键性思维流程，它们是基于组织最常见的六大情境而设计的思维流程（见图8-2）。参与者只需要输入相关数据、专业知识和经验，便可输出通过集体共创获得的业务判断。

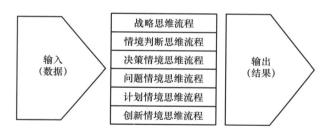

图 8-2　思维流程

如果你想成为优秀的管理者还要更进一步，采取措施将这些关键性思维流程落实到组织中去，向有形流程倾斜。但思维流程的推行，不像其他有形管理流程需要在组织里拥有一定的职位和权力才能建立和推广。当然，如果你是企业高管，可能建立和推行以上几项思维流程会更便捷，但最终还是要靠成为员工大脑里自己的思维习惯才能真正发挥它们的价值。本书的六大"思维流程"只要求你拥有清晰的思路，并且能巧妙地提出正确的问题，在尊重他人情感的前提下，他人自然会愿意跟着你的思路从"输入"走到"输出"。

"思维流程"跟权威无关，跟职级无关，它是把每个人的智慧串联起来的绳子，这条绳子即是组织的共同语言。而共同语言便会形成企业的文化，就像一个国家的文化根源于该国的语言。一个组织的各种"思维共同语言"便会促使企业高效运转。这是经理人成为"思维流程"的缔造者和管理者的价值所在。

成为思维教练

"思维教练"的价值

在运动场上，"教练"的角色并不陌生。例如网球教练、田径教练、健身教练等，所有给我们传授某种运动技能的专业教师，我们都称呼其为"教练"，但为什么我们不称之为"老师"呢？"教练"一词的重点字是"练"。所有的运动教练并不会像其他学科的老师一样在教室里给你传授知识技能，也不会同时面对一大帮学生一起授课。运动教练一定是在特定运动场所手把手地教你练习。如果你在学网球，那么教练和你必须在网球场上，你手中有球拍和球，教练会设计好各种训练方法，让你边练边学。在你练习的过程中，教练不断传授技巧和纠正你的动作，让你在练习中掌握球技。你会发现运动场上的教练一般不会讲一套套抽象或概念化的理论知识，而是在他设计好的训练流程中，关注你个性化的特征并相应地进行即时辅导。

在我们工作和学习当中，有两种知识，一种是显性知识，另一种是隐性知识。隐性知识是迈克尔·波兰尼（Michael Polanyi）在 1958 年从哲学领域提出的概念。他在对人类知识的哪些方面依赖于信仰的考察中，偶然地发现这样一个事实，即这种信仰的因素是知识的隐性部分所固有的。波兰尼认为，人类的知识有两种，一种是以书面文字、图表和数学公式加以表述的知识。而未被表述的知识，像我们在做某事的行动中所拥有的经验和技能，是另一种知识。波兰尼把前者称为"显性知识"，而将后者称为"隐性知识"。按照波兰尼的理解，显性知识是能够被人类以一定符码系统加以完整表述的知识。"显性知识"的特点是可以储存，容易记录和转移。相反，"隐性知识"的特点是高度个性化，存在于人的头脑中，难以格式化，不可编码，很难用文字的形式记录，难以转移。"隐性知识"包括主观的理解、直觉和预感等。

可见，"教练"的任务是帮助学员掌握"隐性知识"。思维训练如同体育运动训练，只不过一个是大脑运动，一个是身体运动。思维的个性化特征更加明显，每个人拥有不同的成长经历和教育背景，从而形成不同的思维模式。因此，不同人对周遭事情的理解和反应各有差异。那么，"思维教练"扮演的角色就是辅导和训练他人掌握思维方面的隐性知识和技能。

在数字化的今天，管理者只想驾驭员工的"手脚"去开展工作终将被时代淘汰，唯有从"内容专家"向"思维教练"的角色改变，激活组织的思维能力，方能领导组织在VUCA环境里突破重围。

上文已提到我们有时会遭遇这样的尴尬场景：你需要评估某个与你专业不同或做事风格不同的人的提案。这导致了一个常见的难题：你如何评价一个比你更了解某话题内容的人的想法呢？思维教练的角色能帮助你克服这个现实挑战。

成为思维教练的前提是我们要成为一名流程和系统的思想家。我们必须有意识地觉察到自己和其他人所遵循的思维流程是什么。然而，不少管理者很难做到这点，因为他们的思维常处于潜意识状态，并依赖自己的"内在感觉"或"直觉"去决策和解决问题。很遗憾，一般来说，我们并不能将自己内在的感觉或直觉传递给他人。

成为一名优秀的关键性思维教练须具备两个素质：

- 在复杂的事务面前，能掌握关键点。
- 掌握适当的提问技巧，并利用这些技巧提出正确的问题来激发他人思考。

任何流程在实施之前，必须首先由实施流程的人掌握。一名优秀的思维教练，首先要把自己的思维训练做到犹如

"呼吸"般自然。当发生以下情况，他能得心应手地展示对思维流程的掌控能力。

❖ <u>当他人提出一个观点时</u>，他能够：

- 解释其基本原理。

- 鼓励他人质疑/验证其观点。

- 鼓励其他人提出不同的观点。

❖ <u>当询问别人的观点时</u>，他能够：

- 通过提出正确的问题，积极寻求理解对方的思想。

- 探索不同于其他人的观点。

- 揭示这一观点背后的思路或"逻辑流"。

❖ <u>在扩大个人影响范围之后</u>，他能够：

- 成为身边人的思维教练，使别人拥有相同的思维层次。

- 为鼓励团队进行关键性思维训练创建系统和程序。

有人会问"思维教练"的角色是否需要公司任命才能开展工作？当然不是！无论你是CEO，还是一名普通的员工，只要你掌握了本书的六项思维流程，并拥有高明的提问技巧，任何人都可以成为他人的思维教练。思维教练就像上文所提的思维流程一样，跟权威无关，跟职级无关，跟你的思维水平有关。是否能成为思维教练，不是由你自己决定，而是由他人决定。如果未能树立正确的心态，未能在正确的时间提出恰当的问题，有可能思维教练的角色只是你的一厢情愿，哪怕你是CEO。怎样才能让他人接纳你成为他的"思维教练"呢？

"好问题" 的特征

思维教练要真正发挥杠杆作用，很大程度上取决于通过恰当地使用问题，帮助人们开阔视野，获得更准确、更具洞察力和更具影响力的观点。由此，只有一种方法可以促使他人思考——提问。那么，什么样的问题才是好问题呢？当年初入咨询行业时，我的老板经常这样跟我说一句话："用温柔的语言提尖锐的问题。（Ask sharp question with soft word.）"中国的文字和辞令特别有意思，我们每天都在经历或处理诸多"事情"，而"事情"两字我们要把它拆开对待——"事"和"情"。"事情"的好坏同时受到这两个字的影响。我们思维的质量同样也受这两种因素影响。"事"和"情"这两者反映了人的"理性"和"感性"两部分。作为思维教练，在提出问题时，既要关注和"事"相关的理性内容，也要关照他人的情感因素。甚至对于某些以"情感"为导向的人，你要先关照其"情感"。引导他人思维达到最佳状态，这两者缺一不可。所以，思维教练在提问前需要建立健康正面的心态。梅若李·亚当斯（Marilee Adams）博士在她的书《改变提问，改变人生》中提到，提问者的两种不同角色定位，对他人的思维启发带来截然不同的效果。这两种角色即——"评论者或判断者"和"学习者或探索者"，这两者有明显的心态差别（详见表8-1）。

表 8-1 "评论者 / 判断者"和"学习者 / 探索者"的区别

评论者 / 判断者	学习者 / 探索者
心态差别	
▶ 评判的，傲慢的	· 易接受的，眼光敏锐的
▶ 被动的，无意识的	· 敏感的，反省的
▶ "先知的"	· 重视还不知道的事情
▶ 指责	· 负责任的
▶ 非此即彼的思维	· 考虑周全的
▶ 呆板和僵化的	· 灵活的，适应性强的
▶ 认为自己的观点是唯一的	· 考虑事情全方位的
▶ 恐惧差异	· 重视差异性
▶ 自卫的假设	· 问题型假设
主要心态——自我保护意识的	主要心态——好奇的
对关系意识的差别	
▶ 非赢即输的关系	· 双赢的关系
▶ 分开的	· 相关联的
▶ 倾听	· 倾听
- 同意或者不同意	- 事实 / 全面的观点
- 对或者错	- 学习性 / 有用性
▶ 辩论	· 对话
▶ 反馈 = 反对的	· 反馈 = 有益的
▶ 期望被认可	· 期望被理解
* 意识特征：试图攻击或自我防卫的	* 意识特征：寻求解决问题的方法或创新

　　显然，想成为他人的"思维教练"，唯有保持"学习者或探索者"的心态和角色定位，才能与他人建立信任。在向他人提问时，如果对方觉得你是在"质问"，那么你必然当不好"思维教练"。好的问题有以下特征：

- 使听者产生好奇心

- 激发有反思的谈话
- 引人深思
- 使潜在的假设浮出表面
- 寻求创造性和新的可能性
- 产生能量并向前推进
- 提升参与度
- 启发更多的思考

提问的技巧

一名优秀的思维教练能把握好提问的天时、地利、人和。问问题之前要弄清楚应该问什么，什么时候问，问谁。向他人提出正确问题是思维教练的核心能力。因此，我们需要了解常见的几个提问技巧的特征及其利弊；从内容上，还要了解问题的类型以及它们的作用。

（1）几个提问技巧的利弊分析

技巧一：问题的顺序

如果不先修墙，你就不可能把屋顶盖在房子上。问问题也是如此。

按逻辑顺序提问很重要。有一个叫二十题的亲子游戏，其中一个人随机说出想到的任何物体让另一个人猜是什么，另一个人最多可以问 20 个是与否的问题，如果提问者能就此正确猜出此物体，则为胜方。年幼的孩子一般会尝试直接猜答案，但他们很快就会意识到，更好的方法是先问一般性问题，然后再深入到具体问题。例如：

- 它是活的吗？——不是。
- 它是由曾经活着的材料制成的吗？——是。
- 它是木头做的吗？——是。
- 它是一件家具吗？——不是。
- 它是在运动时使用的吗？——是。

显而易见，问问题的顺序很重要。在未确定可能的原因之前，询问人们将会遇到的风险没有意义。这样做只会制造无意义的焦虑。因为我们如果不知道风险是由什么造成的，我们就无法采取有意义的行动。在本书第四章问题情境分析中的"确认问题"环节，我们按照"什么""在哪里""何时""多少"的顺序提问。这并不是偶然，而是遵循着逻辑顺序。首先，"什么"必须放在第一位，因为如果没有确定是"什么"，其余的都无关紧要。同样的道理，先问"多少"再问"在哪里"显然不合适。

结构化和可视化的思维流程可确保我们按逻辑顺序提问，而且这些问题都是人们基于在自己的思维流程中的理解总结出来的。

技巧二：二元问题

二元问题是提问者必须用两个预定答案中的一个来回答

的问题，最常见的是"是"与"否"的问题，也常称为封闭式问题。正如亲子游戏二十题所示，二元问题在收集信息方面并不是很有效，这就是二十题可以作为游戏的原因！然而与普遍的看法相反，这并不意味着二元问题是不好的。实际上，二元问题的优势在于它能应用于我们需要控制或寻求确认的情况。它在这种情况下非常有用，并可以有效地与释义结合使用，以增强沟通。例如，"如果我的理解是正确的，那么你说你的新战略是设法从行业游戏沙盘中消除竞争对手 B，这至关重要。是这样吗？"

当你想控制一段对话的时候，二元问题也是非常有效的——它能将对话引导到你想要的方向。二元问题在法庭上很常见。

律师：你是你妻子遗嘱上的唯一受益人，是吗？

被告人：是的。

律师：你妻子的父母还健在，而他们却不知道这份遗嘱，是吗？

被告人：是的。

律师：据我所知，你妻子一直身体健康。是吗？

被告人：是的。

律师：你妻子突然去世，你知道是什么原因吗？

被告人：我不知道。

律师：你妻子服用了一种过敏药物，导致了她的死亡。而购物记录显示，是你购买了这种药品。你是否知道，你妻子的死亡与你的行为直接有关？

被告人：啊，这怎么可能！是她让我买那种药的，我不知道她过敏。

律师：好的。但是警察调查时，你却故意隐瞒了这一关键信息。是吗？

被告人感到头晕眼花，他开始大量流汗，眼神也变得闪躲起来。

聪明的律师从来不问他们不知道答案的问题，他们使用二元问题把被告人逼到一个无法逃脱的角落里，找出真相。

在商业世界中巧妙地使用二元问题也很有效。在西方国家，有些信用卡收取的交易费要比其他卡的高。然而，这样的信用卡仍然在使用，那是因为商家很多时候不能拒绝顾客的要求。这些商家当然更希望他们的顾客使用交易费较低的信用卡。一个二元问题或许能帮到他们。他们可以这样问顾客："你想用维萨卡还是万事达卡付款？"相信很多顾客会选择这两种卡，即使他们钱包里还有其他信用卡。

尽管二元问题有积极的用途，但从思维教练的角色来看，二元问题的用途还是有限的。

技巧三：指引性问题

指引性问题会影响接收者的思维，使其难以给出客观的答案。当回答这样一个问题时，你很难说出真实想法。例如："在我看来，问题的起因是迈克，你认为呢，戴夫？"而简单一点的问法会少一些引导性："你觉得问题的起因是什么呢，戴夫？"

指引性问题通常在劝说场景中使用，有时会产生负面影响，尤其是在过早使用时。经典的场景诸如："你想在什么时间提货，星期四还是星期五？"对于一个经验丰富的买家来说，这可能是个非常令人讨厌的问题。

在思维教练的角色里，指引性问题的作用也是有限的。正如我们将要介绍的，适当使用流程性问题显然要好得多。

技巧四：内容性问题

用内容性问题来寻求有关"事物"的真相。"事物"可以是产品、员工、战略计划或新技术，等等。这些问题使我们能够获得数据并检验其有效性。下面是一些例子：

- 这个产品是怎么设计出来的？
- 它是采用了什么技术生产出来的？
- 该产品的成本构成是什么？
- 该产品将用什么手段营销推广？

内容性问题有什么局限性呢？首先，当想深入了解内容时，我们可能会陷入细节的泥潭中。例如，我们的注意力可能集中在"事物"上，而不是"事物"产生的结果。其次，我们不是某"事物"的专家。"事物"可能在一个我们经验很少或几乎没有经验的领域中出现，这种问内容性问题的场景经常发生在高级管理岗位上，他们喜欢向拥有特定专业领域知识的员工提这类问题，以展示"你别蒙我"或者"老板应该最聪明"的心态。我们的经验是，与技术专家或某领域专家进行"战斗"是非常危险的。

我们需要的是能够成功应用的问题，不管它是什么"事物"。这些问题使我们能够验证向我们汇报的员工的思维质量。让我们来看看流程性问题。

技巧五：流程性问题

与关于"事物"的内容性问题不同，流程性问题完全独立于"事物"本身。由于这种特质，加上它能够将他人的思维展现出来，流程性问题成为管理者宝库中不可多得的工具。

通过流程性问题，我们了解到"如何"而不是"什么"。例如，当你的下属向你提供了三个采购新办公电脑的方案。如果你问的是这三家供应商有什么优缺点，那么这就是内容性问题。如果你问他筛选供应商的标准是什么，那么这就是流程性问题。流程性问题能够激发员工升级思考的维度。事实上，我们也可以通过流程性问题评估他人在多大程度上运用他们的经验和专业知识来处理手头的信息，从而让我们在完全不知道"什么"的情况下，仍可以对他人的判断给出自己的见解。

（2）提问的类型及其目的

我们还可以从"目的"的视角，对提问的类型进行归类。

以下是常见的问题类型（表 8-2），供你参考。

表 8-2　提问的类型及其目的

类　　型	目　　的	范　　例
查明事实	寻找数据和信息	延迟了多长时间？
寻找灵感	寻求反应	你最近如何？
最好情况	探索可能性	我们预期能达到的最好的效果是怎样的？
最坏情况	预防缺陷	潜在的失败原因有哪些？
第三方	介绍新想法	据出租车司机说，……，你对此有什么想法？
想象	创新思维	如果你是 CEO，你将做何种改变？
探索	追问	你这样做是什么意思？
反射性	寻求内心想法	这是怎么影响到你的？
数值范围	检测状态	从一到十打分
反思确认	引导思考	你觉得这样会奏效吗？
关键性	设想核心问题	真正的问题是什么？

基于不同情境的问题清单

可能有人会认为最终的流程性问题就是"你是如何得出这个结论的"。然而，这太笼统了，我们仍然无法从他人的想法里得出更深刻的见解。管理者需要评估决策的本质，然后按照正确的顺序提出一系列更具体的流程性问题。

每种情境的思维流程都有自己的一组流程性问题，每个问题都是为流程中的关键点而设计的。下面是本书从第二章到第七章总结的六大关键情境思维流程的提问清单，方便你的查阅和学习。

A. "战略思维" 流程问题清单

哪里取胜? -流程问题

未来营商环境12把钥匙	·未来营商环境的12个方面的趋势是什么? ·它们对我们的威胁是什么? ·将给我们带来什么机遇?

行业游戏沙盘	·现在的行业游戏是怎么玩的? ·谁是当前行业游戏的参与者? ·谁(实体企业)控制着这个行业沙盘的游戏规则? ·谁(实体企业)影响着这个行业沙盘的游戏规则? ·哪些企业受上述实体的摆布? ·我们该怎么做才能免除它们的控制或影响?

如何取胜? -流程问题

企业韧力	·我们曾经取得什么样的成功和失败,例如在产品、客户、地理市场、市场区隔等方面? ·造成这些成功和失败的主要因素是什么? ·这些因素使你发现公司有哪些"优势"和"劣势"?

业务驱动力	·产品、客户和市场中的哪个要素驱动着公司战略,让我们成为今天的样子? ·公司的哪一要素应该作为未来战略的驱动力? ·业务驱动力对于公司在选择未来的产品、客户和市场方面有什么影响?

怎么实施? -流程问题

未来战略轮廓	·未来公司的轮廓是怎样的?(产品/服务、客户、地理市场、市场区隔这四方面的范围和特征是什么?不是什么?)

战略举措	·我们应该采取什么战略举措以实现战略目标? ·进攻性举措是什么? ·防御性举措是什么?

图 8-3 "战略思维" 流程问题清单

B. "情境判断"思维流程问题清单

思维路径　　　　　　　　　　　流程问题

1. 情境认知

- 对"结果"的认知：需要深入分析的事务是什么？
  要达成什么样的结果？
- 对"人"的认知：谁负责完成处理此事务？此事务涉
  及哪些利益关系人？谁会在乎此事务的结果？
- 对"大局"的认知：该事务和公司的大局有什么关系？
  处理不好或没达成结果会带来什么影响？
- 对"时机"的认知：处理（完成）此事务的最佳时机
  是什么时候？时间期限是几时？

2. 情境解构

- 这项事务可以分解成哪几个步骤/部分/单位？
- 你对这件事有哪些担心？例如，
  -必须先解决什么问题？
  -需要做出或执行哪些决策？
  -行动前是否需要重新陈述清楚这件事？

3. 情境转移

- 应采用哪种分析工具寻找答案？
  -找原因？问题情境
  -做选择？决策情境
  -防风险？计划情境
  -寻找新方法？创新情境

图 8-4 "情境判断"思维流程问题清单

C. "决策情境"思维流程问题清单

- "多选决策情境"全流程及简化流程问题
- "单选决策情境"流程问题

"决策情境"全流程	流程问题	"决策情境"简化流程问题
决策目标	・决策目标是什么？ -选择什么？ -选择范围是什么？ -决策目的是什么？	在以下情况下使用： ・时间紧-须尽快采取行动 ・老决策-曾多次做过的决策 ・简单决策-涉及少量的选择 标准、候选方案和风险
筛选标准	・哪些是必备条件？ ・哪些是补充条件？它们的重要性如何？	根据实际情况，回答下列问题： ・哪些是必备条件？ ・有哪些方案供候选？ ・候选方案的风险何在？
方案比较	・有哪些可比较的方案？ ・我们对所有候选方案的质量满意吗？ ・需要寻找新的或更好的方案吗？ ・这些方案满足必备条件吗？ ・这些方案在满足补充条件方面表现如何？ ・哪一个（些）方案的总体表现最好？	
风险评估	・各方案分别带来什么风险？ ・风险程度如何？ ・有哪些措施可以尽量降低风险？	
最佳选择	・经过权衡之后的最佳选择是什么？	

图 8-5　"多选决策情境"思维流程问题清单

"单选决策情境"流程	流程问题
提升决策级别	・该决策的目的是什么？ ・有没有更多可能达到该目的的方式？
假设一个理论上的选择	・先把眼前的选项放在一边，你心中"理想的选项"应该是怎样的？ ・眼前的选项与之相比差距有多大？是否可接受？
注意"必备条件"和"风险"	・当前应考虑的最重要的因素有哪些？ ・如果选择眼前的选项会有什么风险吗？

图 8-6　"单选决策情境"思维流程问题清单

D. "问题情境"思维流程问题清单

"问题情境"流程	流程问题
确认问题	• 出现问题的具体主体是什么？ • 该主体存在的具体偏差是什么？
收集信息	• 问题是什么/不是什么？ • 问题出现在哪里？不在哪里？ • 问题什么时候被发现的？不在什么时候发生？ • 问题有多严重？
分析情况	• 通过对以上步骤信息的收集，我们看到了哪些差异和变化？
假设原因	• 有哪些可能的原因？
验证假设	• 每个原因能在多大程度上解释"收集信息"中的内容？ • 哪个原因是最有可能的原因？ • 如何验证假设？
采取措施	• 我们采取什么行动？

图 8-7 "问题情境"思维流程问题清单

E. "计划情境"思维流程问题清单

"计划情境"全流程	流程问题	简化流程问题
定义成功	• 在当前情况下，什么是成功？	在以下情况下使用： • 时间紧-突然变化或突发情况 • 老计划-曾多次做过的计划 • 简单计划-较少步骤和潜在问题
草拟计划	• 怎样把行动计划的各步骤按时间先后排序？	
识别风险	• 哪些是高风险区域？ • 每项风险发生的可能性和严重性如何？	根据实际情况，回答下列问题： • 有可能出现什么问题？ • 原因可能是什么？ • 可采取什么防范措施？ • 问题一旦发生，有什么补救措施？
风险防范	• 哪些因素可能诱发这些风险？ • 有什么方法可以防止这些潜在风险发生？	
补救措施	• 一旦风险发生，我们有什么措施可尽量降低其影响？	
改良计划	• 应该对原计划做何修改？	

图 8-8 "计划情境"思维流程问题清单

F. "创新情境"思维流程问题清单

"创新情境"流程	流程问题
准备工作	• 最终结果是什么？ • 决策级别正确吗？ • 情况存在的原因是什么？ • 选择的标准是什么？ • 环境是否有利于产生新想法？ • 最佳时机是什么？ • 如何"热脑"？
生成创意	• 我们有什么办法应对这种情况？ • "＿＿＿"这个词让你产生什么联想？ • 我们如何转换决策目标？ • 假如……（不可能的情况）发生了怎么办？ • 目的达到了以后又怎样？ • 假如……（环境分割/改变）又怎样？ • 情况为什么是现在这样的（限制因素）？ • 如果没有限制，你希望将发生什么？
综合过滤	• 哪些点子需要加以调整才能应用？ • 哪些点子无法调整，应该剔除？ • 如何通过联系、合并、分类来构建"超级选项"？
评估比较	• "超级选项"在多大程度上符合选择标准？ • 有什么风险？ • 我们可以通过哪些行动降低风险？ • 哪个点子将被执行？ • 我们应该制订怎样的计划抓住机会，避免风险？

图 8-9 "创新情境"思维流程问题清单

▌本章小结

任何一项技能的自我掌握都是将其传授给他人的先决条件。自我掌握需要有意识地持续应用该技能并做到融会贯通。因此，成为思维教练的前提是自身是这些思维流程的最佳践行者。

其次，思维流程不像其他有形流程，思维流程需要和不同情境共舞。知道"什么情境用什么思维工具"和每个思维工具"怎么用"同样重要！这也是数字化时代对管理者领导力的新要求——情境思维能力。

管理者的价值并不止于个人思维能力的强大，而在于他在多大程度上能引领大规模的团队全面提升思考能力，以促进组织在多变环境里游刃有余地高效运转，达成既定目标。本书的各情境思维流程无疑给管理者提供了一套系统的思维导航仪，可以助其在企业内部建立起沟通的共同语言。在建立思维共同语言的过程中，管理者拥有了新的角色——思维教练。成为思维教练需要具备以下几个关键素质和能力：

- 拥有情境思维和流程思维

- 树立"学习者或探索者"的心态

- 掌握提问的技巧

本书介绍的已得到验证且清晰明了的关键性思维流程，帮助了许多管理者在日常管理当中挖掘出团队成员的潜力，使之树立自信，并激发了每个人天生的求知欲和成就欲。管理者充分利用组织成员集体智慧的能力将助其击败竞争敌手。

为让更多的企业受益，帮助企业培养更多的思维教练，本书介绍的大部分思维工具和方法，已被开发成系列的关键性思维课程，包括认证课程以及应用软件。

埃及著名小说家，第一位获诺贝尔文学奖的阿拉伯语作家纳吉布·马哈福兹曾说过：

"看一个人是否聪明是看他的答案，看一个人是否有智慧是看他的问题。"

你准备好了吗？